人新世のエコロジー

自然らしさを手なずける

Hiroki Oikawa
及川敬貴

Another Ecology : the Anthropocenic Turn

日本評論社

目次

第II部　認識（ものの見方）へ手を入れる

第V部 時間に手を入れる

※本文中の引用文に付した傍点は、断りのない限り筆者による。同様に、文中に挿入した［　］内も筆者によるものである。

はじめに　「つながり」の物語へようこそ

次の言葉を見たこと／聞いたことがあるという方は少なくないだろう。

SDGs　エコシステム　変異（性）　人新世　生物多様性　限界集落　鳥獣害　里山　コモンズ
動物の権利　世界遺産　ダーウィン　村上春樹　養老孟司　グレタ・トゥーンベリ

次のものは、知っている人は知っている。そんな感じの言葉たちのように思う。

3Dプリンタ　ダーウィン事変　ヒューマンジー　生態系サービス　地域猫　自然保護区
ミレニアム生態系評価　国立マンション事件　住みたい街ランキング　TNFD

最後の群はどうか。法律には関わりたくないかもしれない。その他については一体、何を意味するのやらといったところではないだろうか（キムリッカって何語？）。

キムリッカ　法律　条例　条約　カイロス的時間　ミティゲーション　オフセット　OECMs
ノーネットロス　カムイルミナ　エディブル・シティ　経路依存（性）

これらの言葉たちの「つながり」は見えにくい。それぞれが宙を勝手気ままに浮遊している。そんなイメージさえ持てそうである。しかし、人と自然の関係を考えていくに当たって、これらの言葉たちをバラバラなままにはしておけない。今何が起きているのか。どのようにしてここへ辿り着いたのか。わたしたちはこれから何をめざし、どうしてゆくべきなのか。そうしたことを考えるには、これらの言葉同士の「つながり」、すなわち、「全体像」が必要となるからである。

皆さんも結婚するに当たって、外見と年収だけで「この人に決めたました！」とはならないだろう。性格や趣味、それにその他もろもろの要素を組み合わせた「全体像」。これを手にして初めて、自らの全存在を投じての選択ができるはずである。

と書いてはみたものの、人と自然との関係は複雑である。なので、何か一つの専門領域を学んだからといって、それだけで「全体像」が見えてくるわけではない。だったら、他の領域にまで手を広げて、いろいろと調べてみればいいじゃないか。そう思われた方もいるだろう。しかし、考えてみてほしい。素人が他の分野に手を出しても、やれることは限られている。集められる情報も表面的なものばかりとなるだろう。万が一、間違った理解をしてそれを表に出してしまったらどうなるか。それこそ恥ずかしくて立ち直れない。

だから、複数の学問領域を跨いで書かれたような本は少ないのだろう。しかし、それでいいのだろうか。恥ずかしいからやらない、というのでは、いつまでたっても世の中は変わらない。顔を上げて、周囲を見回してみよう。すると、さまざまな分野から、面白い本や論文がたくさん出されていることに気がつく。ならば、手の届く範囲でそれらを集めて、組み合わせてみたらどうだろう。少しは見通しが良くなるのではないか。それに、定年まであと10年しかないし、少しくらい恥をかいても大局に影響はなさそうである（恥をかいたからといって退職金が大幅に減額されることもない）。と思って、少し悩んだ末に、この本を書くことにした。

さて、冒頭の三つの囲みの中の言葉たちは、本書の中で、それぞれにふさわしい場所でとり上げられていく。それらの「つながり」（のようなもの）が少しでも分かったら、あるいは感じられたらどうだろう。「全体像」とまではいえないまでも、広い視野から、人と自然の関係のあり方を考えていくための補助線になるのではないか。かつて未来学者のアルヴィン・トフラーは世界的なベストセラーとなった著書『富の未来』の中で、もはやロケットサイエンス（＝大きな発明や発見のこと）の時代ではない。新しさを生み出すのは、「クレイジーで素敵な組み合わせ」だと説いた[1]。囲みの中の言葉たちを組み合わせて（＝つなげて）みよう。何か「クレイジーで素敵な組み合わせ（＝つながり）」が見つかるかもしれない。その先にあるのが、新しさ＝イノベーションである。

本書は、そうした「つながり」を示す、あるいは、それを読者に見出してもらうための一つの試みである。なので、本書での「エコロジー」とは、いわゆる生態学を意味しない。本来的には、本書のタイトルは、「人新世における人と自然の関係論」とでもいうべきものだと思う（でも、それだと売れないような気がする）。また、本当は黙っておいたほうがよいのだろうが、本書は、法学の書でもある。法律や条例、それに条約といったものたちがそこかしこに顔を出す。なぜか。囲み内の言葉たちを、この世の中で「つなげる」ための接着剤。それが法だからである。

法というと、だれもが裁判をイメージするが、裁判は法に関わる現象の一つでしかない。むしろ、大多数の法は、囲み内の言葉たちが社会の中でお互いに上手く働けるような調整機能を果たしている（間接的には、村上春樹さんと養老孟司さんとの間の調整だってしている。しかし、そのことを詳しく説明する余裕はないし、多分、面白いテーマでもない。なので、その辺りを知りたい方は法学の本をお読みください）。とにかく、本書の中で、法はそれほど大きな顔をしていないので、心配せずにページをめくっていただきたい。囲み内の言葉たちの「つながり」を阻害するような形では、法の話は出てこないはずである。むしろ、それらの「つながり」を確保するように、法というものが存在していることを分かっていただけると思う。

そんなわけで、本書は、エコロジー（＝環境学）の物語（＋ほんの少しだけ法学入門）として読まれることを期待して書かれた。もちろん、学術書っぽさが鼻につくことは否定しない（というか、職業病でそのようにしか書けなかった箇所も多く、読者の方々に申し訳ないと思う）。他方で、もしも本書を一つの作品ともみなしていただけるならば望外の喜びである。文体が重要。村上春樹さんはそう述べてきた。[2] 筆者も同じように考えている。文体も一つのアートだと思うから。それが理由である。

どのような方々に本書は読まれるべき（読んでいただきたい）か。ゼミ生たちに草稿を〝叩いて〟もらっている時には、「高校生でも読めるようなもの」をめざしていた。なので高校生以上の方々には気軽に手に取っていただければと思う（もちろん、読む気さえあれば、もっと若い方々も是非に。多分、大丈夫だと思う）。ＳＤＧｓやエコシステム（生態系）など。そうした言葉を耳にして、少しでも気になったという方であれば、最後まで読み通していただけるに違いない。あるいは、少なくとも「これって面白いかも！」と思える箇所がいくつも見つかるはずである。

また、次の二つのカテゴリーに属する方々には、面白く読んでいただけるのではないかと思うし、実益にも適うと思う。一つは、これから環境関連の専門領域へ進もうとする人たちである。皆さんが究めようとする分野が、全体の中でどのような位置にあるのか。本書を読まれる中で、それが浮かび上がってくるに違いない。そうした位置情報を確認した上で、それぞれの道の専門家になっていただきたいと思う。

そしてもう一つは、すでに何かの専門領域へどっぷりと漬かっている人たちである（筆者自身を棚に上げてしまうことをお許しいただきたい）。自分の領域の外側、とくに隣接諸領域といわれる空間で何が起きているのか。本書は、それを垣間見るための一つの窓になるのではないかと思う。

その上で、本書を手に取られたどなたに対してもお願いがある。〝考える〟という営みを止めないでほしい。本書の中では、かなり風変わりなイメージの「自然」が顔を覗かせるだろう。気ままで、自由奔放、そして時にわたしたちに挑みかかってくるような、そんな自然たち。そうした自然に対して（深く考えることなく）身を委ねるのは止めよう。「自然らしさ」に身を任すのは楽ちんで、心地よいかもしれないが危険でもある。最近、ある国の政治家が、講演会で次のように聴衆に呼びかけた。「あなたたちは、今のこの国に生きられて幸せだ。何も考えずに毎日を過ごしていけるから」[3]。ふざけるな、と心から思った。考えよう。考え抜いて、日々を過ごそう。本書が、「考えるという生活」のための一助になってくれればと思う。[4]

さて、ページをめくってすぐに、皆さんは不思議な言葉に出遭うだろう。「妙に元気な自然」。これが本書の最初のキーワードとなる。これはどういうことなのだろう。わたしたちはどうすべきなのか。一緒に〝考えて〟いこう。

第Ⅰ部

妙に「元気」な自然とわたしたち

第1章　間合い

なぜ自然を守るのか。それは自然が美しくて、か弱い存在だからだろう。筆者もかつてはそう考えていた。がしかし、徐々にこの問いに対して身構えるようになっていった。なぜか。自然との「間合い」を測りかねるようになったからである。では、なぜ筆者は「間合い」を測りかねているのか。自然が妙に「元気」だから。それが理由である。自然が元気？　状況認識がおかしくはないか。今、皆さんの多くはそう思っているだろう。その疑念をとりあえずは持ち続けてほしい。そして、本章の最後で、もう一度、考えてみてもらいたい。この筆者の状況認識はそんなにおかしなものなのか。そして、あなた自身も自然との「間合い」を測りかねてはいないか、と。

1　人新世は絶滅の時代なのか

「倍返し」「爆買い」「神ってる」「インスタ映え」「忖度」「そだねー」。いずれもその年の流行語大賞を受賞した言葉である。2020年はどうだっただろう。調べてみると、大賞を受賞したのは「3

密」であった。また、トップテンには、「愛の不時着」「あつ森」「アベノマスク」「鬼滅の刃」「Go To キャンペーン」「ソロキャンプ」「フワちゃん」などの言葉が並ぶ。

その2020年。これらの流行語を横目に一つの言葉が人々の口に上り始めた。「人新世」。Anthropocene という英語の訳語なのだが、まず戸惑うのはその読み方である。「ひとしんせい」なのか、それとも「じんしんせい」なのか。実はどちらでもよいらしい。いずれにしても、この言葉が広く知られる契機となったのが、『人新世の「資本論」』という新書であった（2020年9月公刊）[1]。同書の発行累計部数は30万部を超え、今も売れ続けているという。

(1) 人新世とは何か

人新世とは何を意味するのか。小学館の『デジタル大辞泉』によれば、それは、

> 2000年にドイツの大気化学者P＝クルッツェンが地質時代の区分の一［つ］として提唱した時代。完新世［＝約1万1500年前に始まったとされる地質時代］後の人類の大発展に伴い、人類が農業や産業革命を通じて地球規模の環境変化をもたらした時代

であるという（［ ］内は筆者による。以下同）。簡単にいえば、「人」類が巨大な技術力を手に入れることで地球環境に甚大な影響を及ぼすようになった「新」しい「世」紀となろうか。あるいは、「人間たちの活動の痕跡が、地球の表面を覆いつくした年代」[2]とか「ホモ・サピエンス［が］地球の生態

環境に他に類のない変化をもたらす、最も重要な存在となった［時代］[3] といった表現も分かりやすい。いずれにしても、人新世という言葉は、人間から自然への働きかけが強大となった（あるいは、強大になりすぎた）という認識から生まれてきたといってよいだろう。[4]

（2）気候変動という危機

人新世をめぐって展開される言説はさまざまであるが、[5] 人間による自然への働きかけが大きくなりすぎて後戻りができない、あるいは、待ったなしの状況に追い込まれているという類のものが少なくない。その際に、真っ先に挙げられるのが、気候変動という問題である。

この問題についてごく簡単に説明しよう。人間は産業活動などを通じて二酸化炭素などの温室効果ガスを大量に排出してきたし、今この時もそうし続けている。地球は温室化し、その平均気温がじりじりと上がっていく。そのせいで南極などの氷床が融け出して、海面上昇が起こり、島々や沿岸部が海に飲み込まれていくかもしれない。異常気象が起きる頻度も激増し、内陸部でもこれまでの暮らしが成り立たなくなっていく。

若い世代の人々が将来を危惧するのももっともだろう。グレタ・トゥーンベリの上げた声は世界中の若者たちに届き、大きなうねりとなり始めた。彼ら彼女らには、気候変動によって自らの将来が危うくなっている（にもかかわらず、大人たちはあれこれと理由をつけて、実効性のある対策をとろうとしない）という苛立ちがある。[6]

(3) そして、種の絶滅

次いで頻繁に挙げられるのが、種の絶滅という問題だろう。本書の主たる関心もこちらへ向けられている。実は、動物や植物が絶滅してしまうのは珍しい現象ではない。これまでの数十億年において、「大量絶滅」と目されるような出来事は最低でも5回は起きていたという。大規模な地殻変動や火山の大噴火、それに巨大隕石の衝突などによって気候変動が起こったことが原因である。そして、そのいずれの回でも、地球上の生命の半数以上が死滅したと考えられている。

では、種の絶滅は今、どのような状況にあるのだろうか。それを測るモノサシは二つある。一つは、絶滅した種の数である。このモノサシを当ててみると、状況が切迫しているようには見えないかもしれない。というのは「今後……レッドリスト種がすべて絶滅し、［かつ］その傾向が200〜500年続けば、種数でも［これまでの5回の］大量絶滅に匹敵する［規模のものとなる］らしい」といわれているからである（レッドリストの意味については後述）[7]。

しかし、もう一つのモノサシで測ってみると、別な様相が見えてくる。そのモノサシとは絶滅の速度である。過去の5回の大量絶滅は、数十万から数百万年という長い時間をかけてゆっくりと進行した。ところが、人新世になってからの種の絶滅については、その速度がとても速い。例えば、「もっともよく調べられている脊椎動物で見ると、記録があるだけで過去500年間に320種以上が絶滅し哺乳類に限っても80種が絶滅して」おり、その速度は「5回の大量絶滅の速度に匹敵する」という[8]。

また、絶滅してしまったわけではないが、その状態に近づいている種の数は増加の一途を辿っている。最新の『生きている地球レポート（Living Planet Index Report 2020）』では、1970年から2016年までの間に、主要な脊椎動物（3000種以上が対象）の個体数が69％（！）も減少したと報告された。全体としての傾向がそうならば、レッドリストに掲載される生物（＝絶滅のおそれがある生物）の数も右肩上がりになっていくだろう。[9]

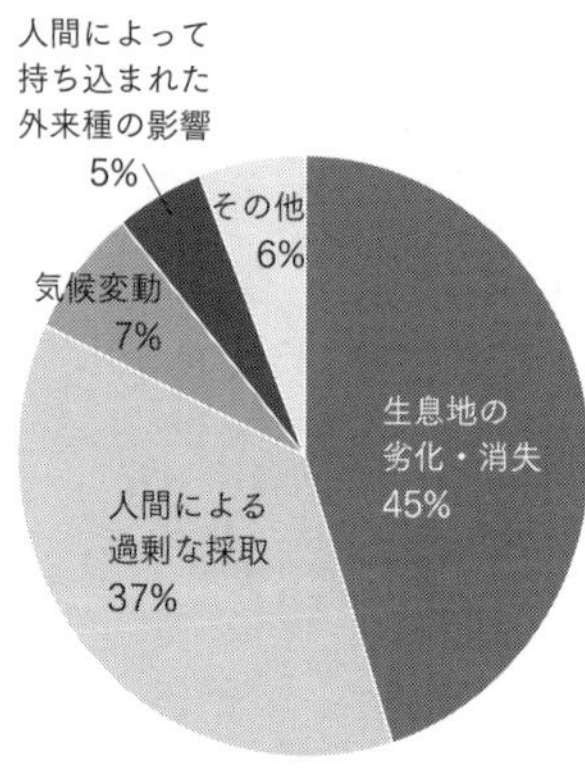

図1－1　脊椎動物の個体数が減少した要因

生き物たちが「高速」で絶滅したり、その数を「大幅」に減らしたりする理由。同じ『生きている地球レポート』によれば、脊椎動物の個体数が減少した最大の要因は、生息地の劣化や消失であったという。割合にして約45％。森林伐採や海浜の埋立てなどが、すぐに思い浮かぶ事例だろう。次いで大きな要因とされたのが、人間による過剰な採取（狩猟や漁業など）であり、約37％という数字が示された。その他としては、気候変動が7％、人によって持ち込まれた外来種の影響が5％などと続く（図1－1）。

つまり、人間というたった一つの種が自然を大幅に改変する力を身につけ、その力を際限なく行使するようになった。それにより、他の生物種の「高速」絶滅や個体数の「大幅」な減少といった事態が引き起こされている。その一方で、食料供給や水質浄化、それに気候緩和や野外レクリエーションの機会など、わたしたちが自然から享受している恵みは多い。だとすれば、そうした事態は人間の生存基盤を揺るがしかねない。

こうした情報を踏まえれば、「なぜ自然を守るのか?」という問いには簡単に答えられそうである。例えば、「科学技術の発展や経済活動の進展を背景として、人間は自然を大幅に改変してきた。そのせいで人間以外の多くの動物や植物が絶滅しかかっている。その一方で、そうした動植物とそれらが暮らす森川海などから人間はさまざまな恵みを享受してきた。なので、人間と動植物が共に生き長らえていくには、自然を守らねばならない」といったように、である。

及第点を得られそうな回答。と皆さんは思っただろうか。筆者にはそうは思えない。なぜか。自然がこれまでとは違う顔を見せ始めた(のに、そのことが十分に認識されていない)からである。

2　別な顔

自然が見せ始めた別の顔。それが垣間見えるような、四つのナラティブ(物語)を紹介しよう。事例といったほうが分かりやすいが、ここでは敢えてナラティブという言葉を使いたい。というのは、以下で紹介するものには、すでに起こった・起こっていることだけではなく、これから起こりそうなことも含まれているからである。

（1）ミクリを間引く[10]

2017年6月22日の午後、厚木市（神奈川県）の広町公園にマスコミ6社の記者やカメラマンが集まった。絶滅危惧種の間引きを取材するためである（写真1－1）。作業に携わった中学生のコメントが、マスコミが駆け付けた理由を理解する助けになるだろう。

> 絶滅危惧種を間引いてもいいのかと、最初はビックリした

写真1－1
広町公園での間引きの様子。人の背の高さを越えるミクリが繁茂しているのが分かる。（写真提供：高田浩氏）

間引きの対象となったのは、ミクリ（*Sparganium erectum*）という植物。ヤガラという別名で呼ばれることもある。日本全国に分布するが、その数は減少傾向にあり、国と神奈川県それぞれのレッドリストで絶滅危惧種に挙げられている。

この間引きの背景には次のような事情があった。広町公園の池では、2013年頃から急にミクリが増え始めたという。そのため、このままでは水中に光が届かないことや、池が陸地化することが懸念された。また、地域住民からは、池に「カワセミが飛び込めなくなった」という声もあり、ミクリの増殖によって、他の生物種（この場合は、カワセミ）の生息環境が悪化したことが分かる。なお、間引くのではなく、移植するという手段も考えられるが、移植先の確保には限界があり、実際には、処分されることが少なくないという。

それでは、この間引きは違法、つまり法に違反する行為なのだろうか。先の中学生の言葉にもあるように、絶滅危惧種を間引くなんてとんでもない、と考えるのが普通だろう。しかし心配は要らない。ミクリは、レッドリスト種ではあるが、法律によって採取が禁じられているわけではない（法律は「法」の一種である）。レッドリストは「法」ではなく、単なるリストである。これに対して、種の保存法という法律の指定を受けた生き物となると話は違う。[11] この法律は、希少な野生生物を守るために必要な措置を定めたものである。同法による指定を受けた生物は全国どこでも守られなければならず、そうしなければ処罰されることさえある（ミクリはこの指定を受けていない）。

このナラティブが示すように、絶滅危惧種は常にか弱い（＝守られる）だけの存在ではない。広町公園において、ミクリはまさに、他の生物たちの生息地を飲み込もうとしていた。絶滅危惧種も、他の生き物に対して牙をむくことがある。それは、相手に自律的に働きかけ・同調することを迫る一面を持った存在ともいえよう。次のナラティブとも関係するが、将来的には、人間が「絶滅危惧種に負け始める」ことさえあり得るのかもしれない。例えば、限界集落のような場所では、少子高齢化と財政難が同時進行する中で、そうした可能性がないではないように思われる。

（2）トップランナーの不安——だれが「負け始めた」のか

この国は、少子高齢化における世界のトップランナーである。過疎地域の最前線、いわゆる限界集落では、野生鳥獣の鼻息が荒くなっており、人間がかつて先占していた空間から追い出されつつあるという。この事実に初めてふれたのは、かなり以前のことであり、生態学者である松田裕之の論文「生態系保全と自然資源管理をめぐる諸問題」を通してであった[12]。

写真1－2
目をらんらんと光らせて近づいてくるイノシシ（写真中央）。
（写真提供：小池文人氏）

日本の過疎地では、人間が「野生鳥獣に負け始めている」[13]。その結果として、人間は徐々に「撤退」しているという（写真1－2）。負けが込んできたことは、2019年夏に日本学術会議が公表した報告書からも窺われる。『人口縮小社会における野生動物管理のあり方』のⅲ頁では、次のような現状認識と問題意識が示された。

現在、急速に進行しつつあるニホンジカ、イノシシなど在来の大型野生動物の生息数の増加と分布拡大は、農林業被害の激化等を通じて、人口縮小・高齢化が進んだ地域における持続可能な地域社会の形成の重大な障害の一つとなりつつある[14]

人間が自然に「負け始める」とか、人間が「撤退している」とか、そうした表現は用いられていない。だが、言いたいことは同じだろう。人間社会の持続可能性が部分的に脅かされている。追い込まれているのはだれなのか。少なくとも、上の問題意識の中に、「人が自然を絶滅させてしまう」という不安の影は見当たらない。

なお、本書の執筆中に、次のようなニュースが日本全国を駆け巡った。2022年7月初旬から同月末にかけて、山口市小郡地区の住宅街で住民が野生のサルに襲われる被害が相次いだのである。これによって怪我をした住民の数は数人程度ではない。20日間の間に、負傷者の数は、延べ66人（！）に上った。過疎地ではなく、普通の住宅街でも、このような事態が起こり始めている。

（3）スーパー攪乱（かくらん）の行方

2016年に『外来種は本当に悪者か？』というタイトルの書籍が出版された[15]。著者である環境ジャーナリストのフレッド・ピアスは、近年の生態学等の知見や世界各地での印象的な観察事例を引用しつつ、次のように述べる。

［自然は］変化があって当たり前［のものであり］……いまや地球上のほとんどの場所で、在来種と外来種が新たな組みあわせをつくり、共存共栄しながら生態系を維持し、疲弊した自然に活力を与え、私たちの暮らしまで豊かにしている[16]。

そして、そうした「現代ならではの新しい自然の姿」を「新しい野生（ニュー・ワイルド）」と呼び、このニュー・ワイルドを前提とすれば、既存の種を死守するだけではなく、外来種を積極的に認めていくことが「真の環境保護」になると説く[17]（写真1－3）。

同書の中でおそらく唯一、「法律」という言葉が用いられている箇所を、やや長くなるが引用した

写真１－３
キーアと呼ばれる巨大なオウムのような鳥。オーストラリアからニュージーランドへ持ち込まれた外来種である。この写真が撮られた直後、隣に止まっていた車の中から観光客の小型リュックサックを強奪した。
（筆者撮影）

い。

［自然の］形や構造や割合は一定ではなく、時間と空間のあらゆる尺度で変化している。だから自然は釣りあいがとれているとか、遷移を通じて均衡状態に向かうとかいった考えは誤りだ……。自然の変化を悪と決めつける態度も間違っているのだ。それなのに、自然を特定の状態で固めるために資金を集めたり、法律を成立させたり……するのは、現実的ではないし、好ましいことでもない……。自然がもともと流動的なものならば、その流れを止めることは反自然的だし、問題が生じて危険なことにもなりかねない[18]

つまり、自然を特定の状態で固めるな＝変異性を確保せよ、というのだが、攪乱状態の先にわたしたちを待ち受けているのは何だろう。ピアスは、

勝者［＝外来種］の力を借りながら新しい自然を再構成していくしかない[19]

としている（傍点は筆者による。以下同）が、ニュー・ワイルドはそんなに簡単に人間に力を貸してくれるものなのだろうか。逆に、そうした〝超〟攪乱状態に人間社会が飲み込まれてしまう、ないしは圧迫され続けるようなことはないだろうか。[20]

（4）絶滅と無縁の「自然」

観葉植物や家庭菜園（植物）、それにペット（動物）のような、小さな自然と共に暮らしている人は多い。自然と寄り添うことで心が落ち着く・安らぐからだろう。自然と人間の健康との関係については興味深い研究結果が続々と現れている。[21] 例えば、スタンフォード大学の研究によれば、緑地の中を1時間程度歩くことで精神状態が改善する（後ろ向きの気持ちが減退する）という。また、シカゴ大学の研究では、街路樹が1街区あたり10本増えると住民の健康状態の自己評価が高まり、7歳若返る（！）のと同等の効果があることが分かった。

一方で、最近、「ネット回線がない場所では息がしづらい」と吐露する人々が現れているという。[22]「情報空間が物理空間に表出し新たな自然を作り出していく」世界。[23] そうした世界では、ネット回線がないと何やら落ち着かない。わたしたちはそう感じるようになっていくのだろうか（つまり、ネット回線がある空間こそが「自然」であるということになる）。

コンピュータ科学の急速な発展によって、ヴァーチャルな空間にも「自然」が存在するようになり、無限に拡張されていくという未来予想図が描かれるようになってきた。例えば、無数のカメラ映像を高速ネットでつなぎ合わせることで、そうした点の情報が集積され、物理的な現実と重なっていく。3Dプリンタ[24]はそのような現実を作り出す装置であり、「物質が瞬く間にコピーされ、生成される」[25]未来が近づいている。そう遠くない将来には、わたしたちの多くが、3Dプリンタで作られた臓器を身体中に埋め込んでいるかもしれない[26]（図1-2）。そうした暁には、そのような身体を持つことが

「自然」だと目されよう。

植物についても同様のストーリーを描けそうである。今から50年ほど前のこと。ロサンゼルスのジェファーソン通りの中央分離帯にプラスチックの木々が植えられた（設置された?[27]）。それらの木々は、「プラスチックの木でなにが悪い?」という論文の中で「ゾッとするもの（frightening）」と形容されている。[28] 将来、光合成や蒸散といった生態的機能を発揮できるプラスチック製の木々が3Dプリンタで作られて、側道に植えられ（設置され）たらどうだろう。だれかが次のような論文を書くかもしれない。「3Dプリンタで作られた木でなにが悪い?」。

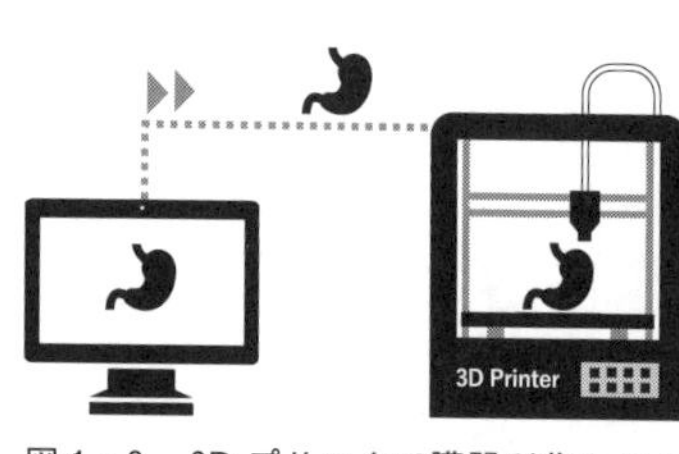

図1－2　3Dプリンタで臓器が作られるイメージ

こうした「新たな自然」の特徴。それは〝絶滅〟という言葉が似合わないことである。これまでの自然にはいつも〝絶滅〟という言葉が寄り添っていた。自然は美しいが弱くはかない。絶滅の危険と常に隣り合わせなので、人間が守っていかねばならない。そのようなイメージ。しかし、上に見たような「新たな自然」は、物理から情報へ、そして人間の認知や精神の領域へと拡張し始めている。それらは絶滅とは無縁の存在であり、むしろ人間がいようが／いまいが関係ない。そんな気配すら漂わせているのではないか。

一旦、話を整理しよう。〝種の絶滅〟という問題の背景には、「人間がその他の種を絶滅させてしまう」ことへの不安が横たわっていた。それゆえ、わたしたちは、生き物たちの数を指折り数えてみたり、国立公園のような自然保護区を作ってみたりして、その不安から解放されようとしてきたものである。

しかし、4つのナラティブを読み終えた今、何かが違うと感じた方も少なくないのではないか。というのも、どのナラティブの中でも、自然はこれまでとは違った形で存在し、人間に（時に過剰に）「働きかけ」始めているように見えるからである。[29] あるいはそのための準備を着々と整えているとでも言おうか。

これまでの自然と何かが違う。「妙に元気」で人間に挑みかかってくる。そんな顔も併せ持った「自然」。それでは、なぜ自然はかくも「元気」なのか。この問いに対して、

「実は〝生物多様性〟が原因なのです」

とだれかが真顔で告げたら、あなたはどう思うだろう。生物多様性という言葉を耳にしたことのある方は「おかしいぞ」と首を傾げるに違いない。なぜなら、その言葉は、多くの生き物たちを守っていく。確か、そんな意味の言葉であったはずだからである。一方で、その言葉を知らない方は戸惑うだろう。自然が「妙に元気」なことと、その聞き慣れない言葉（＝生物多様性）とが一体どう結びつくのか、と。

本書ではこの後、上の告白の真意を解き明かしていく。がしかし、その前に知っておきたいことが

ある。そもそも〝生物多様性〟とは何者なのか。それはどのような経緯で、人と自然との付き合い方という舞台へと現れたのか。

3　センターの交代劇——1992年の静かな革命

歌やダンスを披露するグループは多い。そうしたグループが舞台に上がった時に、これまでセンター（＝中心）を務めていただれかが後方へ下がり、別なだれかがセンターの場所を占めていたらどうだろう。ファンたちは驚愕し、その理由を探ろうと躍起になるに違いない。今から30年前の1992年。国際政治の舞台において、そうした「センターの交代劇」のようなことが起こった。〝自然保護〟から〝生物多様性（の確保）〟へ（図1－3）。なぜそんなことになったのか。以下、駆け足で説明しよう。

(1)　自然保護——往年のセンターとそれへの反発

自然とどう付き合っていくか。戦後の地球環境政策という舞台において、そのセンターに君臨してきたのは〝自然保護〟であった。保護するとは守るという意味なので、自然保護とは、簡単にいえば、自然を守るための営みのことをいう。

それでは、自然保護において守るべき自然とは何か。誤解を恐れずにいえば、それは美しい風景や珍しい動植物となる。なぜそういえるのかといえば、国際社会がそうしたルールをいくつも作ってきたからである。ルールといえば、だれかとだれかが結んだ〝契約〟がよく知られているが、国と国が契約のようなものを結ぶこともあり、それは〝条約〟という形をとることが多い。

多くの方は、ラムサール条約（1971年採択）やワシントン条約（1973年採択）といった言葉を聞いたことがあるだろう。これらは、自然豊かな湿地や、絶滅が危ぶまれている生き物を守ろうとする、いわゆる〝自然保護〟条約の代表格であり、この二つに世界遺産条約（1972年採択）とボン条約（1979年採択）を加えたものを四大自然保護条約（BIG4）と呼ぶ。そして、BIG4は多くの国で拘束力あるルールとして認められ（＝批准され）、各国内で自然保護が進展する原動力となってきた。

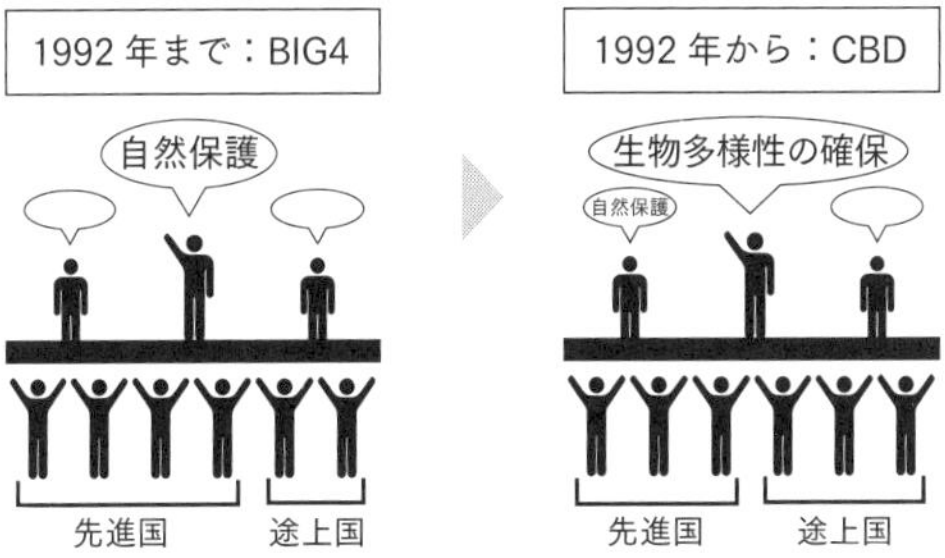

図1－3　センター交代のイメージ

BIG4が次々と採択されていった理由。それは、欧米の先進国が自然保護を〝推し〟ていたためである。戦後から1970年代末までは、先進国の政治経済的なパワーが途上国を凌駕していた。先進国は、BIG4の仕組み（保護対象となる生き物を条約の登録簿へ登録することや、条約の定めに応じて自然保護区を指定すること）を通じて、自然保護の対象となる種や地域を、自国内はもちろん、途上国の中にまでどんどん拡げていったのである。

しかし、1980年代に入って以降、ファンの中での勢力図が変化した。途上国の政治経済的なパワーが増大したのである。途上国が自然保護を〝推す〟ことはなかった。途上国にとっては、自然の経済開発＝利用の推進が至上命題であり、BIG4的なルールの強化はあり得なかったのである。

このようにして自然保護の足元はぐらついていった。そうした中で、舞台の後方からセンターの座を虎視眈々と窺っていた者。それが〝生物多様性（の確保）〟である。

（2） 新センターの登場——生物多様性条約の採択

1992年。ついに自然保護は後方へ退き、センターの位置には生物多様性が陣取るようになった。センターの交代を高らかに宣言したのが、生物多様性に関する条約（Convention on Biological Diversity: CBD）である（以下、生物多様性条約）。CBDは現在までに、アメリカ合衆国を除く世界のほぼあらゆる国（196か国）が批准する国際ルールとなり、わたしたちは、これに従って自然と付き合っていくことになった[30]。

CBDが定めた、自然との新たな付き合い方。それは簡単にいえば、

美しい風景や稀少な生き物を守る（＝自然保護）だけではなく、（ア）あらゆる生き物とその生息地を（イ）守り、時には、それを（ウ）利用していく

といったものである。[31] 先進国の主張が（イ）に、途上国の主張が（ウ）に反映されていることが分かるだろう。そして、守ったり・利用したりする対象として現れたのが（ア）の部分。いわゆる「生物多様性」であった。ＣＢＤの２条において、生物多様性とは

すべての生物……の間の変異性をいうものとし、種内の多様性、種間の多様性及び生態系の多様性を含む

ものとされている。何を言っているのかよく分からなくても心配は要らない。今はこの規定にざっと目を通しておくだけで十分である。実はこの規定の中にはアッと驚く秘密が隠されているが、それについては次の章で詳しく説明したい。

このようにして、１９９２年、ＣＢＤは、数百万種とも数千万種ともいわれる生き物たち「すべて」を守り、時には利用していくという壮大な約束としてこの世に現れた。[32] そして、この約束を果たすべく、世界各国は、自国の法律を改正したり、新たな法律を作ったりといった作業に勤しんできたのである。日本も、２００８年に生物多様性基本法という法律を作り、「生物多様性（の確保）」を国家政策の基本に据えた。この法律の制定は、わが国「環境法のパラダイム転換」の一つと評されている。[33] 「パラダイム」とは、「ある時代において支配的である物の見方」をいう。生物多様性（の確保）は、現代日本社会における主要なパラダイムの一つなのである。

さて、条約やら法律やらの話は〝つまらなかった〟が、読者の皆さんはその苦行に耐えきった。そのおかげで、わたしたちは今、自分たちが自然との関係でどのような時代を生きているのかをざっくりと理解できたと思う。1992年を境に世界は変わった。BIG4からCBDへ。人と自然との付き合い方の基本は、美しい・珍しい生き物や風景だけを守る（＝自然保護）から、美しくないものもありふれたものもすべてを守り、そして、時にはそれらを利用もしていく。いわゆる生物多様性の確保へと変わったのである。

4　生物多様性と元気な自然。そして不安気なわたしたち

こうやって話を紡いでくると不思議な気分に囚われる。一方で、人間は圧倒的な力をもって自然に働きかけ（ないしは、いたぶり）続け、それを「後戻りできない」形にまで改変してしまった。種の「高速」絶滅や生き物の数の「大幅」な減少はその象徴的な事象といえよう。この状況をやり過ごすことはできない。人間はそうした動植物とそれらが暮らす森川海などから、食料供給や水質浄化、それに気候緩和などの多大な恵みを享受しているからである。

だから、わたしたちは自分自身を縛ってきた。CBDや生物多様性基本法といったルールに則って日々を過ごす。そうすることで自然との関係が徐々に穏やかなものになっていく。きっとそうなるに違いない。そんな未来予想図を描いていたように見える。

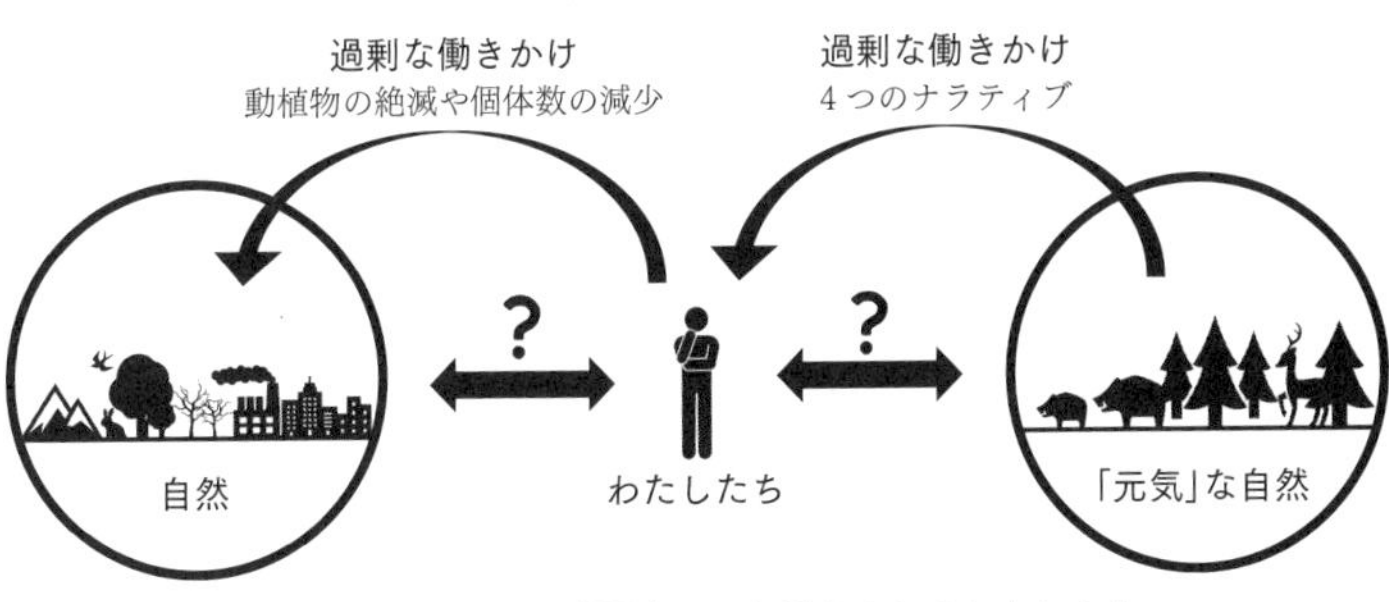

図1－4　自然との「間合い」を測りかねるわたしたち

ところが、ふたを開けてみるとどうか。動植物の「高速」絶滅やその個体数の「大幅」な減少にストップがかかったという話は何年たっても聞かない。むしろ本章2のような形で、人間に対する「自然」からの過剰な働きかけが増えているように見える。実は、自然は人間によって守られ続けるだけのひ弱な存在ではなかったのではないか。四つのナラティブからは、自然は「元気」になっているという印象さえ受ける。

こうした、さまざまな顔を持つ「自然」。人間は、それ（ら）との距離感、すなわち「間合い」を測りかねているのではないだろうか（図1－4）。わたしたちは、種を絶滅させてしまう不安に駆られる一方で、妙に元気な自然からプレッシャーを受け続け、それに対する不安も感じている。にっちもさっちもいかない。もがこうとしても、どの方向にどうもがいてよいのやら判断がつかない。そんな状況にあるように見える。では、こうした状況でわたしたちに求められるのはどのような思考や実践なのだろう（そう問いかけることとは、とりわけ日本では重要であると思う。なぜなら、この国では人間が減っていくからである。個体数が「大幅」に減少しているのは動植物だけではない。〝日本人〟も「大幅」な（かつ「高速」の？）減少というレールの上をひた走っている。2065年までに、日本人は8700万人ほどしかいなくなってしまうという）。

ここで気になるのは、本章2でなされた、あの告白である。なぜ自然はかくも「元気」なのか。この問いに対して、だれかが

「実は〝生物多様性〟が原因なのです」

と告げた。これは一体どういうことなのだろう。自然との「間合い」をどうやって測るのかについて考える前にまず、この告白の真意を探らねばならない。そこで次章では、もう一度、1992年へ時計の針を戻そう。一つの言葉がCBDの中心部にひっそりと侵入した。それが事の始まりであった。

第2章　変異性

アメリカの国立公園をキャンプして回っていた頃。途中で泊まったモーテルで映画を観た。『スピード』（『マトリックス』と並ぶ、キアヌ・リーヴスの代表作）の盗作のようなストーリーであり、たくさんの子供たちを乗せたスクールバスのブレーキが走行中に効かなくなってしまう。暴走するバスをいかに乗りこなし、子供たちの無事を確保するのか。それが（偶然にそのバスに乗り合わせた）主人公に課された難題であった。1992年を境に、わたしたちはそうした「ブレーキの効かない車」に乗り始めたのではないか。それが、第1章2で見たようなナラティブの発生源ではないか。筆者はそう考えている。

1　変異性とは何か

ここで「変異性」という聞きなれない言葉を紹介したい。この言葉が、本書全体を貫くキーワードの一つとなる。

（1）法の言葉となった「変異性」

この言葉は、後述するように、元々は自然科学の専門用語であった。しかし、今やそれは法の中へ侵入し、わたしたちの日常を拘束している。

時計の針を1992年へと戻そう。CBD（生物多様性条約）という国際ルールの中に、ひっそりとその言葉は挿入された。そこでは、「生物多様性」を確保することは「変異性」を確保することと定められた。ここでもう一度、CBDの2条を読んでみよう（傍点は筆者による。以下同）。

「生物の多様性」とは、すべての生物……の間の変異性をいうものとし、種内の多様性、種間の多様性及び生態系の多様性を含む

CBDとは、一言でいえば、そのようなルールなのである。生物多様性を守るにせよ／利用するにせよ（1条）、すべての生物の間の変異性を確保せよ。

それでは変異性（英語ではvariability）とは何か。まず、変異（variation）という言葉について説明したい。この言葉が幾度も出てくるのが、チャールズ・ダーウィンの『種の起源』である。そこでの変異とは、遺伝子や細胞、それに個体や種などが示す「違い」を意味しており、「バラつき」と言い換えると分かりやすい[1]。

それでは、なぜこうした変異が生まれるのか。それは遺伝子がDNAのコピーを間違えてしまう（！）からだそうである。細胞はこの間違いを修復しようとするが完全には上手くいかない。なので、

変異は残る。だから、例えば、あなたの父や母とあなたは全く同じような、つまり完全にはコピーされた個体にはならない。その上、生まれてからはその時々の環境に適応していくので、更なる変異が進んでいく。例えば、ニホンジカという種は、北海道と本州以南という地理的環境の違いに適応して生きてきた。そのため、別々の「亜種」に分かれているが、北海道の亜種のほうが大型で体重も2倍にもなる。[2] また、シジュウカラの鳴き声にまつわる話も興味深い。シジュウカラは、元々、低い声で鳴く鳥である。しかし都市では、車の走行音などのような低い音域の人工騒音が多い。そのため、都市の中で生きることを選んだこの鳥は、そうした人工騒音と音域が重複しないように、高い音でも鳴くようになったという。[3]

このようにして生み出される違い（＝変異）がさまざまな生命体で長い時間をかけて生じてきた。その結果、地球上にはこれだけ多様な生きものが存在するに至った。これがダーウィンの進化論のポイントである（なお、進化とは、生物学的には、個体ではなく集団の性質の変化のことをいう）。[4][5]

こうした「変異」が世の常であることは多くの論者によって説かれてきた。例えば、第1章2（3）で紹介した『外来種は本当に悪者か？』によれば、著名な生態学者たちが、自然の本質について、次のように打ち明けているという。

恒常性を探しても、見つかるのは変化ばかり
攪乱されていない自然も、形や構造や割合は一定ではなく、時間と空間のあらゆる尺度で変化している

自然を特定の状態で固める……のは、現実的ではないし、好ましいことでもない
つまり、「様々な生命の形態への学問研究（エコロジー、進化生物学、微生物学）が進めば進むほどに、これらの形態には単一で独立の永続的な同一性が備わっていると述べることが、ますますできなくなっていく」のである。[6]

変異性とは、こうした変異にability（「〇〇できること」の意。一言でいえば「能力」）を付け加えた言葉である。すると、その意味は、すべての生物がその時々の状況に応じて「変わり続けられる」こととなろう。地震や雷、それに台風などはもちろんのこと、農耕を始めとする人間活動によっても、生物を取り巻く状況は刻一刻と変化していく。変異性とは、こうした小ないしは中規模の攪乱に応じて、生き方ないしは身の処し方を「変え続けられる」ことといえそうである。[7]

なので、この変異性という言葉は、良い／悪いといった価値判断を伴うものではない。それは、「変わり続けられる」ことという一つの〝状態〟を表すにすぎない。ところが1992年になって状況が一変した。CBDという国際ルールの採択。これにより、わたしたちは「変わり続けられる状況を確保せよ」と〝要請〟されることになった（図2-1）。自然が変異してゆくことを邪魔するな。CBDは、わたしたちにそう命じたのである。この点こそが、問題の核心として押さえられなければならない。

そして、この「変異性」の確保という要請は、世界各国の国内ルール（法律など）へ伝播した。第

1章3で述べたように、条約は締約国内のルール、例えば、法律などに影響を及ぼす。日本の生物多様性基本法（2008年制定）も、生物多様性を、

様々な生態系が存在すること並びに生物の種間及び種内に様々な差異が存在することをいう

と定めた。[8]「差異」と「変異性」とが近似値的なものであるとすれば、この基本法も「変異性」の確保を旨とするルールの一種といえよう。

かつての筆者は、この「変異性」という言葉の重要性を捉えきれずにいた。つまり、単に多くの生物種や生態系が存在すればよい、ということが「生物多様性（の確保）」という新たなパラダイムの中核的な要素であると考えてしまっていた。[9]しかしそれは誤解であった。「生物多様性（の確保）」の核心は「変異性」にある。そして後述するように、「変わり続ける」ことへの歯止めがないこと。それこそがCBDという地球規模の〝約束〞の最大の課題なのである。

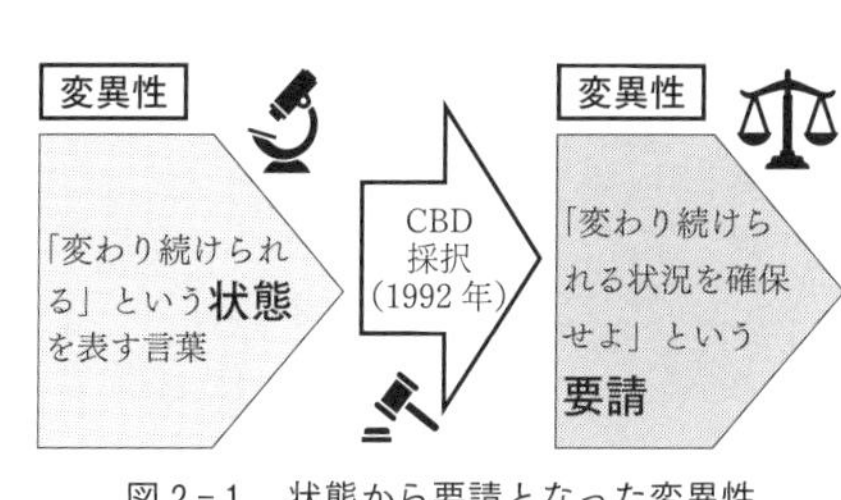

図2－1　状態から要請となった変異性

（2）CBDと聞き分けの良い自然

変異性という言葉について、もう少し、その源泉のようなものを辿ってみたい。1985年にアメリカである学会が誕生した。保全生物学会である。それまでの学説が自然の平衡状態を想定しがちで

あったのに対し、保全生物学を支える自然観は次のようなものであったという。

生態系の持続性における変化と遷移は本質的なものであり、……自然の攪乱がきわめて重要な役割をもつ……。そこで、生態系を特定の状態……に凍結させるのは、むしろ回避すべきこととされる[10]

この学会が設立された翌年（1986年）、生物多様性（biodiversity）という言葉が、初めて、大きなシンポジウムで使われた。アメリカで開催された「生物多様性全国フォーラム」においてである。それから6年後の1992年、国連地球サミットでCBDが採択された。こうした経緯を振り返ってみると、保全生物学の自然観が、変異性（variability）という文言となって、CBDの2条に入り込んだ、という流れを描くことも荒唐無稽であるとは言い切れないだろう。

そうした流れの真偽についてはさておき、CBDを起草した人々は、人間活動を適切に制御すれば、「自然」を飼いならせると考えていた節がある。それぞれの国で保護区域の拡大や外来生物の導入規制などが進むならば、動植物の絶滅には歯止めがかかるだろうといった想定である。

この想定は甘い。というのは、変異性を確保された＝変わり続けることを認められた「自然」を無謬のものとして扱っているからである。フレッド・ピアスの「新しい野生（ニュー・ワイルド）」（第1章2（3））と似た（かなり楽観的な）認識といえよう。CBDにおいて、「自然」は牧歌的な存在として扱われていたのではないだろうか。すると、「種の絶滅という不安」は、深刻めいた響きを持つものの、意外と表層的なものだったのかもしれない。つまり、人間が自らの営みを微調整しさえすれば、絶滅の危機は回避できる。だから、「自然」は、ある時には庇護し、また別な時には搾取する対象としておけばよい。それがCBDが起草された時の自然観であったように見える。別な言い方をすれば、CBDを起草した人々の問題意識は、そのような自然観を前提として、種の絶滅という問題への対応と、それに付随して生ずる先進国と途上国間の関係のあり方（対応策のための資金をどのように工面するかなど）に集中していた。彼ら彼女らにとって、自然が「妙に元気」であり、それが〝問題〟である（第1章2）という意識は希薄であったに違いない。

2　もう一つの不安──人間が追い込まれていく？

<生き物たちを絶滅させてしまう不安>

図2－2　生き物たちを絶滅させてしまう不安のイメージ

自然を背後から煽り、人間に対して過剰に働きかけさせるもの。その姿がようやく浮かび上がってきた。CBDの中に侵入した「変異性」がそれである。この言葉はCBDという法に基づく〝要請〟となった一方で、歯止めを設けられることがなかった。ブレーキが壊れたどころではなく、元々、ブレーキが付いていなかった（！）のである。ミクリの大増殖や人里における鳥獣の跋扈などが生じるのももっともだろう。自然は人間に「反発」するというよりはむしろ、気の向くままに〝変異〟して、人間への働きかけを強め続けている。[11]

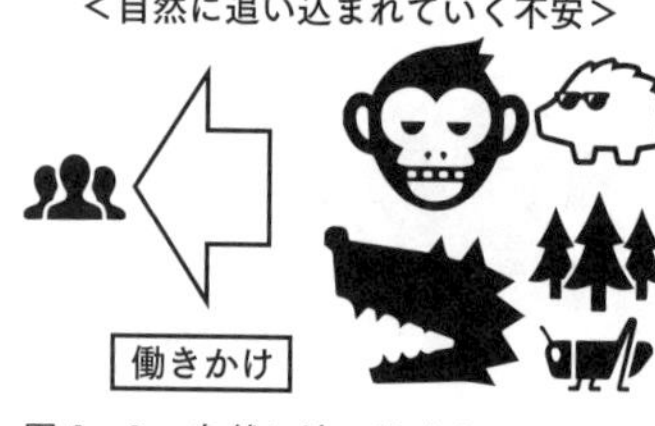

図2-3　自然に追い込まれていく不安のイメージ

そうすると、CBDの下でのわたしたちの不安は、**〈生き物たちを絶滅させてしまう不安〉**だけでない（図2-2）。時折、「妙に元気」な自然が過剰に働きかけてくるせいで、わたしたちが（「負ける」かどうかはさておき）「追い込まれて」いく。そうしたこともまた深刻な問題なのではないか。4つのナラティブは、そうした事態が現実となった、あるいは、なりかけていることを示すものであった。ここではそうした不安を、**〈自然に追い込まれていく不安〉**と呼ぼう（図2-3）（なお、似たような懸念は、著名な歴史学者のアラン・コルバンによっても表明されてきた。コルバンは、「自然空間……を自由な推移に委ねることが、均衡の破壊と風景の根本的な変化を惹起するかもしれない」などと述べている[12]。「自由な推移に委ねること」と「変異性の確保」はほぼ同義であろう）[13]。

筆者は、今後、この二つ目の不安が益々高まっていくだろうと考えている。というのは、今この時点でさえ、次のようなことを指摘できるからである。

① 変異性が社会のルール（決まりごと）となっていることである。繰り返しになるが、もはや変異性は〝状態〟を表すだけの言葉ではない。それはCBDという国際ルール（決まりごと）の一部となった。自然が「変わり続けられる」状況を確保すること。わたしたちは皆、その〝要請〟に

応じ、自然の変異を邪魔しないようにしなければならない（本章1（1））。

② 自然の変異は偶発的かつ無方向であり予想がつかない。[14] 制限速度を示す立て看板に「時速60キロ未満で」と書いてあっても、自然は見向きもしないだろう。また、無方向なのだから、道路さえ外れて、ダートや原っぱを疾走するのかもしれない。しかも、その時だけはどういうわけか制限速度内で走ってみせる、というシニカルな情景さえ思い浮かぶ。

③ 自然は膨張し続けるだろう。一部の種は絶滅するものの、全体として見れば、四つ目のナラティブで示されたような「新たな自然」が存在感を増していく。そうした「新たな自然」は、コンピュータ技術の進展と手を携えながら、人間の脳内や意識にもその領土を拡張していくかもしれない（第1章2）。

3 それでも共に生きていく

わたしたちは、この〈**自然に追い込まれていく不安**〉とどのように向き合えばよいのだろうか。不安の根源＝「変異性」をCBDから除去するという選択肢は選べそうにない。理由を二つ挙げておこう。

一つは、「変異性」の確保という要請が、〈**生き物たちを絶滅させてしまう不安**〉への対応の基礎となっていることである。例として、CBDを批准して以降の日本の状況をごく簡単に記そう。[15] 国立公園を始めとする保護区の面積は着実に増大し、その割合は陸地の約20％をカバーするに至っている。種の保存法による指定を受けて守られている生物の数は、３００を超えるまでに拡大した。（侵略的な）外来種の移動を制限するような法律など、新法の制定も相次いでいる。他の国々でも、同じような形で、多くの生き物が絶滅の危機を免れてきた。このことを積極的に評価できないとする理由を、筆者は思いつかない。

もう一つは、単純に、ＣＢＤの改廃という作業が大事（おおごと）すぎることである。条約の採択（１９９２年）からすでに30年弱という時間が経過した。ジュネーブの事務局等では、生身の人間が多数、雇用されており、関連予算は巨額に上るだろう。締約国内でも、多数の個人や企業、それにＮＰＯなどがＣＢＤ関連の仕事に携わっているに違いない。このようにして、時間の経過とともに出来事や仕組み・組織、それにしがらみが積み重なっていき、「一度敷かれた経路は容易に変更できない」ことを経路依存（path dependence）と呼ぶ。[16] ＣＢＤについても途方もない数・量の経路が敷き詰められてきた。その屋台骨となるような条文を削除して「何もなかったことにする」のは難しい。

なので、これからもわたしたちは、ＣＢＤとそこに刻まれた「生物多様性（の確保）」という約束事と共に生きていく。では、そのように生きていくとはどのようなことか。一言でいえば、それは「自然」の変異を受け容れていくこと、となるだろう。例えば、四つのナラティブで示されたような変異（第1章2）さえも受け容れていく。「自然」の暴発とも評されるような事態さえ受け容れる。

そうやって生きていくということである。

こうして生きていかねばならない。そのことが明らかになるにつれて、筆者はよく分からなくなっていった。「にっちもさっちもいかない。もがこうとしても、どの方向にどうもがいてよいのやら判断がつかない」（第1章4）。しかし、そうした心境を語って終わりならば、わざわざこうした書籍を出版する意味はないだろう。考えて、調べて、また考えて、そして、何かを提案しなければならない。時にか弱く、また別な時には「妙に元気」。そんな「自然」と共に生きていくには、どうすればよいのだろう。何か良い手立てはあるだろうか。

まずは「自然」の動きを見極めること。そこから始めるべきだと思う。どのような「自然」が、いつ、どれくらいの速さや規模で人間に向かって働きかけてくるのか。それとも、それは絶滅しかかっているのか。そうした〝動き〟がまるで見えない、ないしは予想もつかないというのでは、手の打ちようがないからである。

第3章　サービス

自然の顔は二つある。一つは従順でか弱い顔。もう一つは妙に元気で人に挑みかかってくるような顔。それらのいずれもがさらに微細な顔つきを見せるので、自然の人間への働きかけのスピードや進路などは複雑怪奇なものとなる。そうしたスピードや進路をあらかじめ知る術(すべ)はないだろうか。それがあれば、「自然」との「間合い」を少しは測れそうである。ここでは、その術となってくれそうな、一つの考え方を紹介しよう。生態系サービス。「働きかけ」を「サービス」という言葉で言い換えて、それと「生態系」という言葉をつなぎ合わせたものである。

1　健康診断の副産物

生態系サービス（ecosystem services）とは何か。「生物多様性を基盤とする生態系……がもたらす恵み」[1]といわれても、今一つ、よく分からない。しかし、それが「自然の恵み」であればどうか。「自然の恵みを挙げてもらえる?」そんな問いなら、だれもが何かを思いつくはずである。

食卓に並んだパンや目玉焼きは自然の恵みに違いない。手入れの行き届いた森林もそうだろう。そうした森林は洪水を緩和してくれると聞いたことがある。釣りやキャンプはまさに自然の恵みを得るためのイベントである。そして今この瞬間にも、あなたのそばには愛犬や愛猫がピッタリと寄り添っているかもしれない。これを自然の恵みといわずに何といおうか。

これらをまとめて「生態系サービス」と命名した。そして情報を整理して、簡単な絵も描いてみせた。要はそれだけであった。しかし、それがブレイクスルーとなった。2005年のことである。

（1）地球の健康診断

毎年、健康診断を受けている方は多いだろう。しかし地球はそうしてはこなかった。だからどれだけ地球が傷んでいるのかが分からない。そこで、国連が中心となり、地球の健康診断を行うことにした。国連ミレニアム生態系評価（通称MA）と呼ばれるプロジェクトである。それまでに例をみない大規模な健康診断であり、千名を超える科学者等が参加して、プロジェクトが敢行された（実施期間は、2001年から2005年）。その診断結果は後で紹介するとして（第5章2（1））、診断報告書に掲載されたのが、次の図（以下、MAの図として引用する）であった（図3-1）[2]。

この図がいわんとしていることは理解しやすい。左下の「生物多様性」とは、「地球上の生命」であり、動植物やそれらが暮らす生態系（森川海など）をイメージするとよいだろう。そうした「生物多様性」から、人間に対して「生態系サービス」がもたらされる（→⇒⬇）。これらのサービスが供

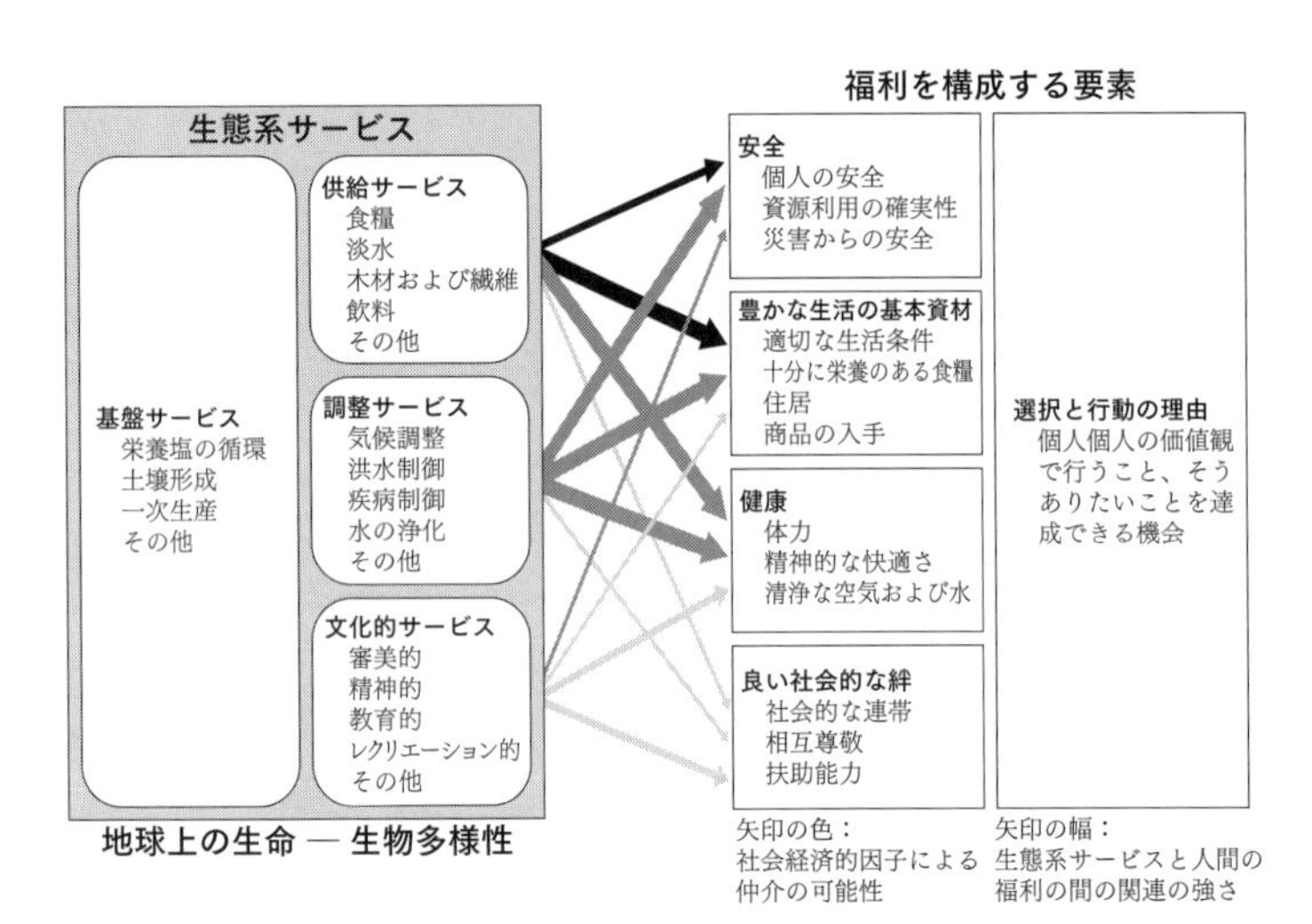

図3－1　MAの図

給されることでウェルビーイング（人間の福利）が維持されている、というのである。それでは、この生態系サービスとは何か。

(2) 四つのサービス

生態系サービスには、供給サービス、調整サービス、文化的サービス、それに基盤サービスといった四つのものがある。それぞれ簡単に説明しよう。[3]

〈供給サービス〉

最も分かりやすいサービスといえよう：食料、燃料、木材、繊維、薬品、水など。農林水産業などからもたらされている、人間の生活に重要な〝資源〟を供給するサービスである（写真3－1）。

なお、このサービスには、〝アイデア〟や〝原理〟も含められるかもしれない。例えば、新幹線500系（のぞみ）は、カワセミのくちばしを模倣するこ

写真3－1　ワシントンDCのファーマーズマーケット　（筆者撮影）

とで、トンネル突入時の衝撃音を解消することに成功した。また、痛くない注射針のアイデアの元になったのは、蚊の針である。「まだまだ発見できていない原理が数多の生物種には隠されている」という。[4]

〈調整サービス〉

このサービスは、供給サービスとの対比で考えると理解しやすい。最新の環境経済学の入門書では、次のように書かれている。

生物多様性は、モノを提供するだけではなく。さまざまなサービス（用役）も提供してくれます。これを調整（調節）サービスといいます[5]

例えば、森林や水田などがあることによって気候が緩和されたり／洪水が起こりにくくなったり／水が浄化されたりといったサービスであり、その他には、ハチやアブなどの授粉サービスが挙げられることが多い（写真3－2）。

なお、「生態系サービス」という言葉は日本の法律の中に一切見当たらない（！）。なぜなのだろう。ひょっとしたら別な言葉で書き込まれているのではないか。そう思って調べてみたところ、やはりその通りであって驚かされた。[6] 例えば、航空機騒音防止法という法律によれば、緑地には、飛行機から発せられる騒音を緩和する効果（防音効果）があるという（同法9条の2）。これはまさに調整サービ

写真３－２　舞岡公園（横浜市）内に広がる水田
（写真提供：横浜市環境創造局南部公園緑地事務所）

写真３－３　釧路川でのカヤックツアー　（筆者撮影）

スの一例である。

〈文化的サービス〉

文化的サービスについては、環境省の報告書において、「精神的充足、美的な楽しみ、宗教・社会制度の基盤、レクリエーションの機会等を与えるサービス」であるとされている。身近なところでは、釣り、キャンプ、森林浴、環境教育活動などがあるだろう（写真３－３）。

このサービスについても、さまざまなものが法律中に、別な言葉で書き込まれている。例えば、自然の恵みの豊かさが「食育」へもたらす効用（食育基本法前文および3条）など。何を文化的サービスとして捉えるかは、まさに文化の違いによるものといえよう。

〈基盤サービス〉

基盤サービスの特徴。それは、上の三つのサービスが人間生活に直接もたらされるのに対し、このサービスの人間生活への関わり方が間接的なことである。基盤サービスの具体例としては、植物の光合成による炭素隔離、土壌形成、栄養循環、水循環などが挙げられることが多い。基盤サービスは、〝サービスを支えるサービス〟といえよう。そのため、「生息・生息地サービス」とか「サポート機能」などとも呼ばれてきた。

なので、MAの図では、それは生態系サービスの中でも左側に配置され、そこから人間社会への矢印は描かれていない。矢印を生み出す三つのサービスを横から支える形となっている。MAの図が、シンプルながらもよく考えられたものであることが分かるだろう。

(3)「こんな図があったらいいよね!」

こうした各種のサービスを人間が享受していることは、だれもが経験的に知っていることであり、とくに目新しい話ではない。日本であれば、「環境の恵沢」とか「多面的機能」といった言葉が思い浮かぶ。「環境の恵沢」とは、「自然の恵み」を(堅苦しく)言い換えたものであり、「多面的機能」とは、水田や森林などが、作物や木材生産のほかにも、洪水の防止や日本の原風景の維持、それに環境教育といった多くの面で役立っていることを意味する言葉である。[7]

ただし、これらの言葉の使い勝手はどうだったか。「環境の恵沢」だと分かったような気はするものの、ボヤっとした感が付きまとう。かといって、「多面的機能」となると小難しくてしっくりこない。少なくとも、普段の生活でその言葉を使いたいとは思わないはずである。

そんな中で、「生態系」というやや硬めの専門用語を「サービス」というだれでも知っている柔らかな言葉で包み込み、さぁどうぞと差し出した。「環境の恵沢」よりも明確でありながら、「多面的機能」ほどの敷居の高さは感じられない。そうした絶妙なバランス感覚がこのフレーズには備わっている。そして、そこには、シンプルながらも気の利いた図（MAの図）が添えられていた。

聞くところによれば、こうした言い換えと図の作成は、「自然の恵みって四つくらいに整理できるんじゃない？」といった何気ない一言から始まり、「だったらこんな図があったらいいよね！」と応じただれかのスケッチが示されて、といったようにして緩々と進んでいったという。ベンチャービジネスの立ち上げが、レストランの紙ナプキンへのメモから始まったという逸話があるが、それに近いことが、生態系サービスという考え方の発案過程にもあったのが面白い。

2　自分事としての生物多様性とSDGs

生態系サービスという考え方は、生物多様性やサステナビリティ（持続可能性）、そしてSDGsといったものへの理解を深めてくれる。よく耳にする一方で、何やらボヤっとしていた言葉たち。その輪郭が次第に克明になってくる。「あぁ、そういうことだったのか」。そう思えるレベルにまで解像度が高まっていき、そして、「そうか。だから、大事なんだ」と腑に落ちる。

(1) なぜ生物多様性を守るのか――「何となく」を「いや、やっぱり」へ

生物多様性といわれても、聞いたことがあるだけで、実はなぜそれが重要なのかはよく分からない。しかしこれだけ騒がれているのだから、それは確保せねばならないものだろう。わたしたちの多くは「何となく」そう感じてきたように思われる。

そうした「何となく」を「いや、やっぱり」に変えてくれる。それが生態系サービスという考え方である。すなわち、さまざまなサービスは、傑出した風景や珍しい生き物だけから供給されるわけではない。ゴキブリや藪蚊、それに荒れ地や砂漠などからも多くのサービスがもたらされている(はずである)。だからこそ、「美しくないものも、ありふれたものも」含んだ「地球の生命」を守らねばならない、と。

進化論の考え方を知れば、地球上の生物がどのようにしてこれほど多様になってきたのかについては納得できる(第2章1)。しかしそうした自然科学の説明は「どのようにして」が中心であり、「なぜ」には答えてくれない。「われわれは、みな、生存競争を生き抜いた偉大な同士だ[8]」と言われて、「そうだ。だから生物多様性を守ろう!」となる人は多くはないだろう。そうした表現上の工夫と比べて、生態系サービスという考え方は、なぜ生物多様性を守らねばならないのか、をより滑らかに説明してくれる。

しかも、ただ単に分かるというだけではない。上にゴキブリや藪蚊などを例に出したように、「こんな(気持ちの悪い・憎たらしい)ものから、こんな(すばらしい・役に立つ)サービスが!」という

「驚き」が得られることが大きい。先述したように、痛くない注射針は、蚊の針を模倣することで開発されたという。[9]筆者は蚊が大の苦手であるが、その話には驚いたし、蚊を見る目がほんの少しだけ変わった（ような気がする）。

情報を得たという意味での分かったと、何らかの「驚き」をもって分かったとでは、〝分かった〟の質が異なろう。アメリカの社会学者であるC・ライト・ミルズが指摘したように、「驚き」を備えた〝分かった〟には、「価値の転換」が伴う。[10]そして、そうした〝分かった〟から未来の行動変化が生まれていく。

（2）生態系サービスの→⇓⬇（矢印）——SDGsの補助線

サステナブルとは「持続可能な」、サステナビリティとは「持続可能性」という意味である。サステナブルな暮らしであれば、持続可能な暮らしとなり、サステナビリティがわが社の理念であるというのならば、その会社は社会の持続可能性を高めるために役立ちたいというのだろう。

SDGsという言葉も最近よく耳にするようになった（図3-2）。[11]これは、サステナブル・デベロップメント・ゴールズ（Sustainable Development Goals）（「持続可能な開発目標」と訳されている）の略称であり、国連サミットで採択された、2016年から2030年までの国際目標をいう。具体的には、持続可能な社会を実現するための17のゴール（目標）が設定され、生態系サービスの場合と同様に、印象的なピクトグラム（絵文字）が添えられている。

サステナビリティを高めることを、だれもが自分事（じぶんごと）としてして捉えるようになれば、世の中はすぐに良くなるだろう。しかし自然保護という営みに対しては、「美しい風景や珍しい動植物を守るなんて、貴族的な趣味のようなものだ」との批判が止まなかった。自然保護は生活に余裕がある人々にとっての趣味的なもの。つまりは、他人事とみなされてきたのである。

ここでMAの図（図3-1）をもう一度見てほしい。その中央部に描かれた矢印（↓⇓⬇）は特定のだれかの福利とつながってはいない。すべての人間の福利とつながっている。これらの矢印によって、生物多様性の喪失と人間社会の存続可能性とが直結された。環境経済学者の吉田謙太郎が言うように、生態系サービスという考え方は

> 人々にとっての重要性という観点から生物多様性を考えることを、ごく当たり前のプロセス

にしたのである[12]（傍点は筆者による）。ここでの「人々」とはだれか特定の人たちではなく、わたしたち全員である。生活に余裕があろうとなかろうと、矢印が途切れたり先細ったりすれば、人間社会全体のサステナビリティが確保できなくなる。そうした図式を頭の中で瞬時に思い描けるようになること。それがMAの図の最大の功績といえよう。

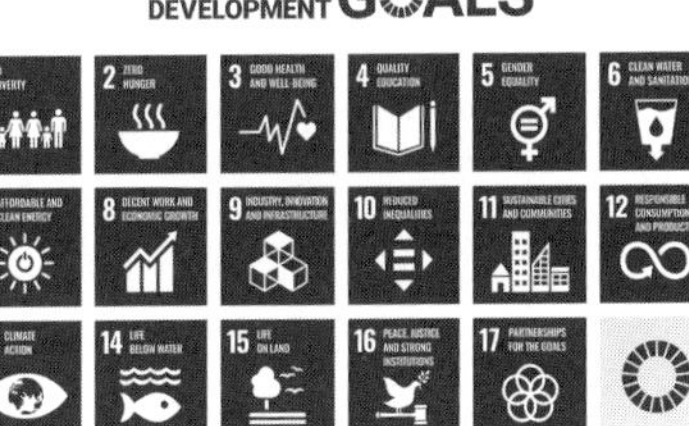

図3-2　SDGsのピクトグラム

もちろん、生態系サービスという考え方が現れたからといって、生物

多様性や「持続可能な発展」といった言葉の意味が一義的になったわけではない。いまだに、それらの意味はそのフレーズを使う論者や使われる状況次第である。[13] しかし、生物多様性の喪失が〝自分事〟なのだという感覚は、「矢印」という視覚的な仕掛けを通じて、人々の脳裏に刻印された。生態系サービスとMAの図はまさに認識改革の発火点となったのである。そうした認識改革の具体例については、次章以降でとり上げることにして、ここでは、MAの図の矢印（↓⇓⬇）をもう少し仔細に眺めてみよう。

3　矢印（↓⇓⬇）は多彩だ

MAの図をもう一度よく見てみよう。中心部に何本もの矢印（↓⇓⬇）が引かれている。その太さや色は同じではない。矢印の「色の濃さ」は、社会・経済的な要因がサービスと人間の福利とを仲介する可能性の高さを示し、[14] 矢印の「太さ」は、サービスと人間の福利との関連の強さを示している（図3－3）。しかしながら、重要なのは、この図に載っていない矢印である。矢印にはさらにさまざまな形状や色彩がある。以下では、具体例を挙げながら、それぞれ詳しく見ていこう。

図3－3　MAの図中の矢印の抜粋

(1) ⬇(ディスサービス)

贈物がいつでも相手を喜ばせるとは限らない。自然は人間へ「害悪」をもたらす。例えば、スギ(杉)の木は木製品となって日々の暮らしに役立つ一方で、スギ花粉症の原因ともなる。日本での花粉症の有病率は、1998年が20%弱であったところ、2019年には42・5%にまで上昇した。さらに、今後は気候変動の影響により、花粉が飛散する期間の長期化、飛散する地域の拡大、それに飛散する花粉の個数の増大などが見込まれている。[15]

また、水田からも意外な負のサービスが提供されていて驚く。水田でコメが栽培されるからこそ、わたしたちは寿司や卵かけご飯などを楽しめる。その意味で、水田は、多くの日本人にとって最大級のサービス供給源といえよう。しかしその一方で、同じ水田から大量のメタンガスが放出されていることはあまり知られていない。[16] メタンガスは二酸化炭素の20倍もの温暖化効果があるという。メタンガスの発生源といえば、牛や羊のゲップが知られているが、日本国内での発生源としては、水田が約40%(!)を占めているのである。水田は、気候緩和という調整サービスの面から見ると、負のサービスの一大産地といえるだろう。

図3－4　ディスサービスのイメージ

MAの図からは、こうした〝負〟のサービスを連想しづらい。そこで、環境省の検討会は、2016年に出した報告書の中で、これを「ディスサービス」と呼んだ。[17] 生態系からわたしたちへ放たれている矢印の中には、それを『黒く塗れ』(Paint it black)と言いたくなるような贈与もあることも念頭にお

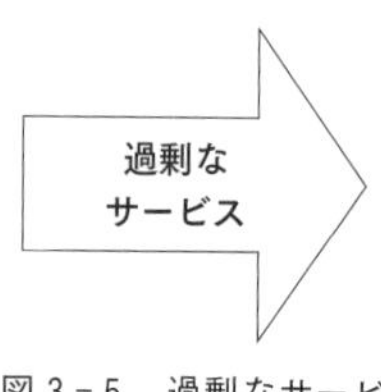

図3－5　過剰なサービスのイメージ

くべきだろう。こうした認識を持つことで、それらの黒い矢印を細くするにはどうすればよいのか、という問題意識を持てるようになる（図3－4）。

(2)　⇩（過剰なサービス）

わたしたちは、生態系サービスが不足することを憂う。例えば、気候変動で食料生産（供給サービス）が減少してしまうと大変なことになる。不必要な埋立てによって干潟の水質浄化作用（調整サービス）が失われてはならない。といったようにである。しかし、特定のサービスが供給されすぎるのも危うい。

四つのナラティブを思い出そう（第1章2）。ミクリはなぜ間引きされねばならなかったのか。人間がシカやイノシシなどに負け始めていると目されるようになったのはなぜなのか。それは、そうした生き物たちが、人やその他の動植物への「働きかけ」を強めすぎているからにほかならない。MAの図の矢印が巨大化したらどうだろう（図3－5）。サービスが過剰になるのもホラーである。それは不足しても過剰となってもいけない。

(3)　↙↔↘（サービスの変異と交錯。そしてその向かう先）

MAの図を1か月後にもう一度眺めてみる（そんなことは実際にはだれもしないだろうけれど）。そこに記されている矢印の太さや長さ、それに色に変化はない。当たり前である。しかし、矢印が不変なのは図の中だけの話である。現実の世界において矢印は決して不変ではない。むしろ、それは変わり続けていく。

〈矢印も〝変異〟する〉

矢印は太くなったり細くなったり、あるいはその色を変えたりするかもしれない。時代や場所によって矢印もまた〝変異〟するのである。例えば、森について考えてみよう。わたしたちは、森からの生態系サービスとして何を想像するだろうか。おそらく、材木供給や森林浴、それに二酸化炭素の吸収などが挙がるに違いない。しかし、今から数百年前のヨーロッパではどうだったか。農耕民は「森を怖れ、敵意さえ抱いており、森をきりひらいて農地をつくり作物を栽培するもののその農地は3年目には不毛土地になり果ててしまい、その結果いっそう森を敵視」するようになったという[18]。

それから数百年が経ち、今度は、日本の過疎地域において、人々がイノシシやシカなどに「負け始めた」（第1章2（2））。それらの地域では、かつてのヨーロッパの農耕民が抱いたのと同様の感覚を、野生鳥獣の棲み処としての森に対して持ち始めているのではないだろうか。怖れや敵意。そうした感覚である。森自体は以前と似たようなものかもしれない。しかし、そこから放たれる矢印の形や色は以前と違うものへと変わっていく。

〈矢印は交錯する〉

ＭＡの図はシンプルだが、きれいに描かれている。だから、複数の矢印が交錯し、ぶつかり合うことはない。しかし、現実の世界では、それらは衝突しがちであり、片方の矢印が先細ってしまうことも多い[19]。つまり、「一つの生態系サービスの供給を最大化しようとすると、他の生態系サービスが十分に発揮されない」ことがある。

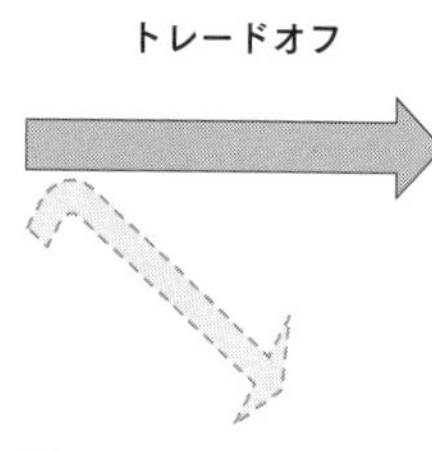

図３－６　サービス間のトレードオフのイメージ

例えば、木材供給サービスを最大化しようとするなら、経済性が高く成長の早い樹木を単一栽培するのが手っ取り早い。しかしそうしたことをすると、森林内の生物多様性が低下し、他のサービス（例：遺伝資源の確保）が減少してしまう。一般に、生態系サービス間の「トレードオフ」と呼ばれる現象である（図３－６）。

〈矢印が向かう先はどこか〉

矢印が向かう先についても留意すべきだろう。例えば、ある生態系に手を入れてその生態系サービスが向上したとしても、そのサービスを受けるのは、実際に手を入れた人や地域とは限らない。何を言っているのかと思われたかもしれないが、次のようなケースを考えてみてほしい。

例えば、森林へ手入れをして水源涵養というサービスを確保しようとするような場合である。実際の手入れは川の上流部に住まう人々によって行われるが、そうやって確保された水源涵養サービス

（の多く）を享受するのは同じ川の下流部に住まう人々である。こうした空間スケールでの生態系サービスのミスマッチは、ＭＡの図からはすぐには思いつけない（図３－７）。似たようなミスマッチは時間的な意味でも発生する。とくに世代間の衡平性のあり方を考えるに当たって、そうした問題意識が重要となる。例えば、現在世代が供給サービスを過剰に利用してしまうとどうなるか。それは、供給源である生態系の破壊につながるだろう。そうすると、これまでの矢印が先細っていったり、最悪の場合には消え失せてしまうかもしれない。ＭＡの図を参照するに当たっては、矢印が「消えてしまう」可能性を念頭におく必要がある。「大洪水よ、我が亡き後に来たれ！」ではあまりにも無責任といえよう。[20]

図３－７　サービスの空間的ミスマッチのイメージ

４　矢印（→⇒➡）のまとめ

変幻自在な「自然」との「間合い」を測るにはどうすればよいのか。その人間への働きかけの形状やパターンを捉えることが、最初の一歩となるに違いない。そのように考えて、本章では、生態系サービスという考え方とその概念図（ただし、現実の世界には、ＭＡの図に載っていない矢印が多数存在する。これが最重要ポイント）を紹介してきた。これらを脳内に実装することで、わたしたちは、複雑かつ変幻自在な「自然」の働きかけを（少しだけ）可視化できるようになる（図３‐８）。

「見た目は汚いけれども、ここから得られている○○サービスは予想以上に重要だ」

「これは負のサービス（＝ディスサービス）に違いない」

「そうか。このサービスが大きくなりすぎたので、こちらのサービスが減ってしまったのか（＝サービス間のトレードオフ）」

等々

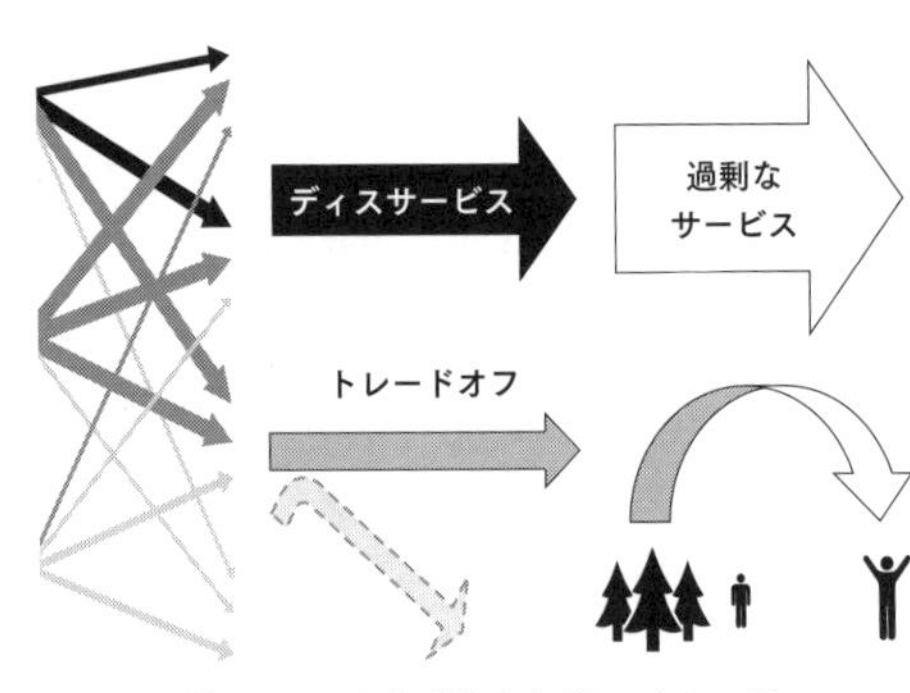

図３－８　さまざまな矢印のイメージ

これまでナラティブとしてしか語れなかったものが、一定の形状やパターンとして浮かび上がってくる。わたしたちは、ＭＡの図の左から右へと放たれる矢印（→⇒➡）を頭の中で思い描く。そこに、「自然」から人間への縦横無尽な働きかけを当てはめて、それらがどのような色・太さ・長さ・方向の矢印となるか、そして、複数の矢印の関係がいかなるものか等を考えていく。そのようにして、「自然」から人間への働きかけが「こうなっている」ことを（少しだけ）立体的に捉えられるようになる。[21]「透明人間に上着を着せる」ようなことが（少しだけ）できていくのかもしれない。[22]

第4章　手入れ

生態系サービスという考え方。前章では、それを駆使することで、「自然」から人間への縦横無尽な働きかけを可視化できる。言い換えれば、「間合い」を測れる可能性が出てくると説いた。ただし、生態系サービスとその概念図は万能薬ではない。それらが教えてくれるのは、「こうなっている」ということだけである。歴史学者のユヴァル・ノア・ハラリが述べたように、「科学的な知識の公式［は］……価値や意味に関する疑問には対処できない」[1]。すると、自然との「間合い」を測った上で、問われるべきは次のことだろう。わたしたちはどうしたいのか。そして、どうするべきか。

1　どうしたいのか――サステナビリティの条件

わたしたちはどうしたいのか。その答えは明白だろう。生態系サービスが供給され続ける状態を確保する。そうすることで日々の暮らしを維持していく。一言でいうならば「サステナビリティ（持続可能性)」を確保する。そういうことになるだろう。

そして、この言葉は、MAの図によって視覚的なイメージを獲得するに至った。すなわち、サステナビリティとは、MAの図中の矢印(↓⇓⬇)を良好な状態に保つこと。それがサステナブルな社会(持続可能な社会)の本旨であるとして、だれもが了解できるようになったのである(なお、サステナビリティの本旨については、最終章にて、もう少し考えを深化させたものを示したい(第14章3))。

2 どうするべきか——逆向きの矢印(↑)

それでは、「矢印」を良好な状態に保つには何が必要か。すなわち、わたしたちはどうするべきか。思うに、それは、人間から生態系への「働きかけ」、つまり、逆向きの矢印(↑)を放ち、そうすることで生態系サービス(↓⇓⬇)の形状や色などを変えていく、あるいは、新たな矢印を創り出していくことではないだろうか。図4-1にそのイメージを示してみた。

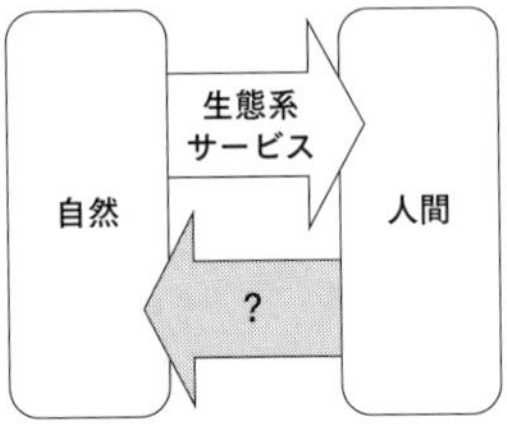

自然
生態系サービス
人間
?

図4-1　逆向きの矢印(←)のイメージ

翻ってみると、これまではこうした双方向のイメージがあまり示されてこなかったように思われる。なぜか。おそらくは、逆向きの矢印(↑)が強大すぎて生態系サービスを劣化させてきた、という印象が強かったからだろう。そして、これは印象レベルではなく、事実としてもそうであることが、MAという「地球の健康診断」を通じて明らかになった（その診断結果は次章で紹介する（第5章2（1））。

その点は確かに懸念すべきではあるが、その一方で、筆者は、人新世という新たな地質年代（第1章1）には、逆向きの矢印（↑）を積極的にイメージし、実践へとつなげていく必要性が高まっているとも考えている。かつて、保全生物学者の倉本宣は、

> 二次的自然を維持する場合には原生自然とは異なり、自然の遷移の力と釣り合うだけの人間の力を加えなければいけない

と述べた[2]（傍点は筆者による）。「二次的自然」（＝人の手が入った自然）を保ちたいなら「人間の力を加え」よ、という主張であるが、気がつけば、わたしたちの周りにあるのは人の手が入った自然（＝二次的自然）ばかりではないだろうか。

三つ目のナラティブ（第1章2（3））で引用した『外来種は本当に悪者か？』を読むと、人間活動が地球の隅々にまで及んでいることを痛感させられる。「人新世」という言葉を使う時に、わたしたちは、人間活動が地球環境を改変する「力の大きさ」に焦点を当てることが多い（タテの人新世）。しかし、この言葉には、「この地球上くまなく」人間活動の影響や痕跡が認められる、という意味も持たせられよう（ヨコの人新世）。そんな人新世という時代だからこそ、自然から放たれる矢印（＝生態系サービス）を保つには、「人間の力を加え」続ける。つまり、逆向きの矢印（↑）を適切に放つ必要

があるのではないか。

3　自然への「手入れ」

この逆向きの矢印（↑）をどう呼ぶべきか。ネーミングライツ（命名権）という言葉があるように、どのような呼称を与えるのかは重要である。すぐに思い浮かぶのは、「生態系へのサービス」や「管理」といったものだろう。しかし、次のような理由からいずれもしっくりこない。

(1)「生態系へのサービス」かそれとも「管理」か

逆向きの矢印（↑）は、わたしたちから自然へ何かが届くことを示す。人間から自然へのサービスなのだから、逆向きの矢印は「生態系へのサービス」としてはどうか。双方向のサービスと位置づけられれば、とても分かりやすいだろう。

しかし、「サービス」という言葉には、働きかけの意図の問題が付きまとう。例えば、ミツバチは、あなたの朝食のサラダにトマトが入り、栄養上のバランスが良くなることを意図して、花粉媒介を行ったわけではないだろう。森林浴のリラクゼーション効果も同様で、木々がそのような意図を持っているわけではない。これに対して、人間から生態系への働きかけは、何らかの意図を持っているのが普通である。そうすると、元々あった矢印を生態系サービスと称するからといって、逆向きの矢印を

「生態系へのサービス」と呼んでしまうと、意図的な働きかけにも非意図的な働きかけにも「サービス」という言葉を当てることになってしまう。それでは、異なる性質のものを同じ概念で括ってしまうというおかしなことになってしまうのではないだろうか。

ならば、「管理」はどうだろう。自然科学や社会科学では「生態系管理」(＝エコシステムマネジメント)といったフレーズが使われてきた。[3] しかし、この言葉については、管理職や管理教育といったフレーズからも分かるように、相手方の動きを封じ込める的なニュアンスも強い。なので、「間合い」を測った上で柔軟に対応していく、といったイメージとは上手く重なってこないように見える。

また、生態系管理については、それに携わる人々が「生態系を守るために振る舞うべき」という見方ばかりで評価されてしまうという問題も指摘されてきた。そこでは、一人ひとりが身近な生態系の将来を構想しながら「豊かに生きる」という方向性が考慮されていない、というのである。生態系機能を重視するあまりにウェルビーイング（人間の福利）の観点が希薄化してしまう。環境社会学者の松村正治や人類学者の武田淳などが、生態学的ポリティクスやエコ統治性といった考え方を用いて、鋭く言及してきたテーマである。[4]

(2)「手入れ」を〝推す〟理由

そこで提案したい。「手入れ」ならどうか。この言葉を使ったことがないという人は少ないだろう。「手入れ」は日常用語であり、だれでも何らかの具体的なイメージを思い浮かべられる。「肌への手入れを怠らない」「植木や観葉植物に手を入れる」「文章表現にちょっと手を入れた」「警察の手入れ（！）があるかもしれない」等々（図4-2）。ある言葉から、わたしたちの多くが普通に思い浮かべるイメージ。筆者は、一握りの人間だけではなく、だれもが「どうするべきか」の「する」に関わっていくためには、その言葉が持つイメージが決定的に重要であると思う。

図4-2　手入れという言葉から思い浮かぶもの

その点において、「手入れ」という言葉は、敷居が低い一方で、専門性を持つような、さまざまな実践とも無理なくつながっていくという特徴を備えている。例えば、「肌への手入れ」や「植木や観葉植物への手入れ」は動植物や生態系への手入れへとつながっていく。また、「文章表現にちょっと手を入れる」という営みは、法律や政策などの制度へ手を入れることへとつながるだろう（法律や政策はまさに〝文字〟でできているものだから）。そして、「警察の手入れ」というイメージは、この言葉が社会の秩序維持と関わっていることを示す。

ただし、この「手入れ」という言葉の最大の特徴は、その〝奥行き〟にある。「自然」は人間に対し、時にか弱く、またある時には荒ぶりながら、縦横無尽に働きかけてくる。わたしたちは、そうした「自然」との「間合い」を測った上で、その時々の間合いに応じた振る舞いをせねばならない。「手入れ」という言葉は、そうした振る舞いの多様さ、ないしは臨機応変さを体現するのに役立つ。例えば、次のようにしてである。

〈人間のほうへ引っ張るという「手入れ」〉

自然に完全には身を委ねないこと。「手入れ」という言葉には、そうした趣旨を含ませられる（図4－3）。この点について、筆者の考え方は、脳科学者である養老孟司のそれと近い。養老の言葉を拝借しよう（［　］内は筆者による）。

……手入れといったら、警察の「手入れ」しか思い浮かばないかもしれませんが、手入れというのは実は自然を相手にするものなのです。まず自分が作ったものではない自然というものを素直に認めます。それをできるだけ自分の意に添うようにして動かしていこうとする。それが手入れです[5]

自然というのはみんなそうですが、「自然のまま」にしているわけです。それに対して……［人間の］意識というのは「思うようにする」ということです。自然は思いのままにならない典型です。自然は非常に強いものですから、これを思いのままにしようとしても無理だということはわかっています。そこでどうするかというと、これに手入れをして［人間］のほうに引っ張るわけです。これが本来の手入れです[6]

ここで、「自然は思いのままにならない」とか「自然は非常に強いもの」と述べられている部分は、本書での「自然」の捉え方と

図4－3　直に手を入れていく形の「手入れ」のイメージ

通じるものがあるだろう。また、そうした「自然」に対して、人間の側から働きかける（＝逆向きの矢印（↑）を放つ）ことが「手入れ」であるという趣旨も読み取れるところである。

図4－4　直に手をふれないという形の手入れのイメージ

〈手を入れないという「手入れ」〉

それとは逆の（ように見える）営みとなるが、わたしたちは、人間の側に無理に引っ張らないという「手入れ」も行ってきた。敢えて手を入れない。いわば、手を入れないという「手入れ」である（図4－4）。

例えば、国立公園の中には、特別保護地区と呼ばれる区域がある。そこに無断で足を踏み入れて、記念に落ち葉を1枚ポケットに入れて持ち帰ったらどうなるか。そうした行為は刑事罰（！）の対象となる。信じられないかもしれないが本当にそうなっている（第7章1）。絶滅しそうな生き物たちも同様である。ミクリを駆除できたのは、それが法律に基づく指定を受けていなかったからであった（第1章2（1））。もしもミクリがそうした指定を受けていたらどうだったか。間引きという「手入れ」は違法であり、広町公園には全く違った理由でマスコミが集まったかもしれない。

種の「高速」絶滅とその個体数の「大幅」な減少。生態系サービスという考え方のおかげで、わたしたちは、それらが人間の生存基盤を揺るがすことを容易にイメージできるようになった。しかも、後述する「地球の健康診断」の結果が示すように、その原因は、わたしたちが「自然」に過剰に働きかけた＝手を入れすぎた結果である（第5章2（1））。矢印（↓⇓⬇）が細く、そして次第に薄れて、跡形もなく消え去っていく。それはあってはならないことだろう。

だから、手を入れない。直にふれるという意味での「手」は排除する。そう考えれば、特別保護地区や法律による絶滅危惧種の指定といった営みも「手入れ」の一環であると分かるだろう。〝逆向き〟に放たれた〝透明〟な矢印。そのようなイメージを持つとよいのかもしれない。

4　次章とその先に

次章からは、〈認識（ものの見方）への手入れ〉〈空間への手入れ〉〈関係性への手入れ〉〈時間への手入れ〉というテーマを設定し、さまざまな実践事例をとり上げていく。そこでは、「自然との『間合い』はどのように測られたのか？」「生態系サービスの矢印（↓⇓⬇）はどのように描かれているのか？」「手入れの手とは何か？」「その手はだれの手か？」「手を入れる対象となるのは何か？」「その対象へ、手をどのように入れるのか？」「なぜそのような手入れをするに至ったのか？」「その手入れにはどのような課題があるのか？」「同じような問題状況なのに、なぜ手入れの中身が違うのか？」

といった点に留意しながら紹介・説明を行う。

それらの実践事例には、ユニークかつ挑戦的なものが多い。生態系は「最初からあるもんじゃなく」、わたしたちが手を入れて創り出していくものだ（〈認識への手入れ〉）。日本の小さな町には、自然保護区になったりならなかったりする砂浜がある（〈空間への手入れ〉）。北欧のある町では、街路樹に実っている果物を自由にもぎ取って、食べてよいことになった（〈空間への手入れ〉）。チンパンジーの母親と人間の父親から生まれた子供（ヒューマンジー）にも人間と同じ権利を認められるだろうか（〈関係性への手入れ〉）。横浜市では時間をちょっとだけ巻き戻して（！）生態系サービスを高めているという（〈時間への手入れ〉）。

なので、次章以降は、さまざまな「自然」との「間合い」のとり方と「手入れ」に関する（甚だ不完全ではあるが）事例集と思っていただければと思う。事例集なので、どこから読んでもらっても、あるいは、どこかを（とりあえずは）飛ばして読み進めてもらっても構わない。求められる「間合い」のとり方や「手入れ」のイメージは、読者が置かれている状況ごとに違うからである。

また、とり上げた事例が四つのナラティブ（第1章2）と直截的に関わるわけではないこともお断りしておく。「自然」をめぐるナラティブの現れ方や描かれ方は現場ごとに違う。全く同じナラティブというものは存在しない。

読者の足下で「自然」はいかなる事態を引き起こしているのか？

今後、「自然」絡みでどのような事態が起こりそうなのか？

それぞれの場所で必要なのは、どのような「間合い」のとり方なのか？

そして、いかなる「手入れ」を実践していくべきなのか？

次章以降の事例集を携えて、そうした問いを〝考えて〟みよう。いや、一緒に、〝考え続け〟ていこう。

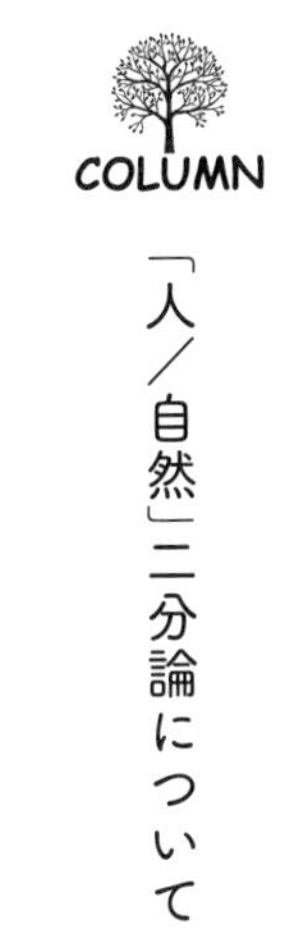

「人／自然」二分論について

自然とは何か。この深遠な問いに対しての答えを、筆者は持ち合わせていない。[1] ここでは、便宜上、自然とは、人間の外側＝外界にあるもの。もう少し具体的にいえば、

「すべての生物」とその生息環境としての「生態系」

と捉えておきたい。この理解は、CBD（生物多様性条約）の2条の定め（第1章3（2））に倣ったものである。

ただし、何が「人間の外側」なのかは判断がつきにくくなってきた。合成生物学などが発展し

ていけば、今後、その境界はさらに不透明になっていくだろう。[2] 実は、この点についても何らかの検討を施したかったが、十分な準備ができていない。本書では、「新しい自然」の台頭（第1章2）や、人間の父親とチンパンジーの母親から産まれたヒューマンジーという架空の存在（第10章1）といったナラティブを提供するくらいのことしかできなかった。近い将来、もう少し深い検討ができればと思う。

他方で、「生態系」については、その意味するところが拡大されて然るべきと考えている。CBDはそれを「生き物と非生物的な環境」から成るものとしている（2条）が、筆者は、「非生物的な環境」には、人間が作り出した機器や工作物＝人工物もが含まれるとの立場に立つ。なので、一般的なイメージの自然（動植物とその棲み処）よりも、本書における「生態系」という言葉の意味は広い（第6章2）。

ところで、なぜそこまで「人／自然」二分論にこだわるのか。読者の中にはそのように思われた方もいるだろう。確かに、「人間も自然の一部ではないか」と言われると弱ってしまう。例えば、一人の人間を形作っている細胞の数は30億個もあるが、そのすべてに最低一つの微生物が棲んでいるといわれる。[3] この話を聞くだけで、「人間の内側に自然がない」などと主張するのは気が引けてしまう。また、食事や排せつなどの行為が食物連鎖や物質循環にどのような役割を果たしているか。そのことを考えれば、「人間が自然の一部である」というのは至極当然のように思えてならない。人間の自然性は、社会秩序という網によってすくいあげることができず、網の目からこぼれたままになっている、とさえいえそうである。[4]

しかし、本書では、「人／自然」二分論の立場で叙述を進めていく。理由を二つ挙げたい。一つは、環境倫理学者である加藤尚武と同じ考え方を筆者もしているからである。加藤は「人間と自然が、主観と客観の関係になるという近代的二元論を守ることなしに、地球の生態系を守ることは不可能である」[5]と説き、その理由として、

> 近代的二元論を克服するというテーゼを守ったのでは、規制の目標設定ができなくな［り］……規制という行為が不可能になる[6]

ことを挙げた。「規制」とは簡単にいえば、法律や条例などの規範、つまり、ルールによって一定の人間活動を制限することをいう。後で述べるように、筆者は、2000年代初頭に行われた「地球の健康診断」の結果、人間活動の「規制」は不可欠となるに至ったと考えている（第5章2（1））。なので、「規制という行為が不可能になる」のは許容できない。

もう一つは、規制が単に不可能になるだけではなく、本書を通じて、筆者が最終的に、人間の責任論を説こうとするところにある。かなり間延びしてしまうが、この点については、終章であらためてとり上げることにしたい（第14章5）。

第II部

認識(ものの見方)へ手を入れる

第5章　ジオクラートの福音——生態系サービス評価の光と影

テクノクラート（technocrat）という言葉を耳にしたことがある方は多いだろう。平凡社の『百科事典マイペディア』によれば、それは、「技術部門出身の官僚、権力者。大衆国家において、国家行政が、経済統計や社会計画を含む段階に至ると、従来の法律・組織・宣伝等の技術以外の社会工学的な高度の専門技術の保持者が官僚・行政官・管理者として重用され、支配者集団に入っていくことから生まれた」と説明されている。

それでは、ジオクラート（geocrat）はどうか。聞き慣れない言葉であるに違いない。これは科学技術史・環境史を専門とするクリストフ・ボヌイユとジャン・バティスト・フレソズの『人新世とは何か』という本に出てくる言葉であり、「地球官僚」と訳出されている。[1] 同書の中で、ボヌイユとフレソズは、生態系サービスを『計算の空間』の中で作動する権力」と評した。[2] そして、そうした権力を行使するのがジオクラートであり、このままでは、大多数の人々はそうした「地球官僚的な専門家の提示する解決策に身を委ねる」だけの存在となってしまうと警鐘を鳴らしたのである。[3]

筆者は、生態系サービスを、〈**自然に追い込まれていく不安**〉に立ち向かうための術として捉えてみたが、まさか、それはジオクラートによる大衆支配の道具と化してしまっているのだろうか。この点について考えるための格好の材料となるのが、生態系サービス評価と呼ばれる営みである。

1　問いを言い換える

自然を守るために何か行動を起こす。あなたがそのための法や政策を書き起こすことになったとしよう。そうした場面で、「予算や人員のことは気にしないでください。いくらでもありますから」と言われる見込みはあるだろうか。ない。通常はそれらが限られていることを前提に、いかなる自然をどれだけ守っていくのかを考え、制度の骨格をデザインしていく。すると、その際には次のような問いが頭をよぎるだろう。

現実の社会では、どのような自然がどのくらい存在しているのか

しかし当然のように、この問いに対してはだれもが答えに窮してしまう。禅問答のようなものであり、だれも確たる回答を差し出せない。生態系サービスという考え方の画期は、この難問を次のように言い換えたところにある。

現実の社会では、どのような生態系サービスがどのくらい存在しているのかこうすることで、問いそれ自体が取り組み可能なものになった。いや、正確には、取り組めそうにみえるものとなった。自然そのものが変わったわけではない。わたしたちの認識が変化したのである。

この認識変化は一つのムーブメントを生み出した：生態系サービス評価。そのように呼ばれる営みであり、生物多様性や生態系に関する実践のうちで最も勢いのあるものといってよいだろう。これは、文字通り、各種のサービスがどのくらい存在しているのかを評価する営みであり、評価方法の観点から、物量評価と環境経済評価とに大別される。[4]

2　生態系サービスの物量評価

供給されるサービスの量がどれくらい増えたのか、それとも減ったのか。そうした評価を行うのが「物量評価」である。そこでは、必ずしも「新たな一次情報を生み出すことを目的とは［され］ておらず」、既存の統計資料などから情報を集め、それらを評価するという作業がなされることが多い。[5]例えば、供給サービスであれば漁獲量（が増えたのか減ったのか）、調整サービスであれば水田の面積（が拡大したのか縮小したのか）、文化的サービスであれば祭りの種類や数（が増えたのか減ったのか）、そして、基盤サービスであれば富栄養化の程度（が進んだのか改善をみたのか）といった情報をもとに評価がなされていく。[6]こうした物量評価の具体例としては、２００５年に公刊された、ＭＡ（ミレニアム生態系評価）の報告書が広く知られている（第3章1（1））[7]。ＭＡでの評価対象となったのは、地球全体の生態系サービスが劣化した程度とその原因であった。

（1）生態系サービスはどれくらい劣化しているのか

人間から生態系への働きかけについては、その「抑制」が主要な課題の一つであり続けてきた。というのは、そうした働きかけが生態系サービスを劣化させていると考えられてきたからである。海岸や海域の埋立て／森林を切り開いてのゴルフ場や宅地の造成／工場やリゾート施設などからの汚水の排出／農薬の過剰散布／高山植物の盗掘や踏み付け／ペットや野生動物への虐待等々。だれもがいくつもの事例を挙げられるだろう。

しかし、事例をどれだけ積み重ねてみても、一つの全体としての地球がどれほど傷んでいるのかはよく分からない。そこで、ＭＡという大規模な健康診断を通じて、この星全体の生態系サービスがどれほど劣化しているのか、が評価されたのである。結果は次のようであった。

> 今回のミレニアム生態系評価で調査された生態系サービスのうち、約60％（24のサービスのうち15）は、悪化しているか、または持続不可能な状態で利用されている（これらには調整サービスと文化的サービスの70％が含まれている）[8]

この結果は衝撃的ではないだろうか。文面だけではピンとこないかもしれないが、ここでMAの図を思い出してほしい。図中の矢印（↓⇓⬇）が健全に放たれているからこそ、人間社会は持続可能でいられた。ところが上の評価結果によれば、それらの矢印の大半は（このままであれば）先細るか消えてしまう（!）かもしれない、というのである。

多くの矢印はなぜ消え失せようとしているのか。人新世における人間から生態系への働きかけが理由である。[9] MAでは、過去100年間のうちに、①生息地の改変、②気候変動、③外来侵入種、④過度の資源利用、⑤汚染（窒素やリン）が、生物多様性にどれくらいの影響を及ぼしているのかを評価した。その結果、①④⑤の影響が大きいことが、そして、それらのうちでもとくに①の影響が最大であることが分かったのである（図5-1）。例として、「土地利用の変化」や「取水路の建設」が挙げられていることから、①が人間から生態系への働きかけであることは疑いない。

ここで人新世という言葉を思い出そう。MAの物量評価は、わたしたちが人新世という時代に生きていることを、生態系サービスの量（と矢印）という形で示してみせた。そうした世の中に生きているからこそ、わたしたちは自らの生態系への働きかけを抑制しようとしてきたものといえる。国立公園のような保護区を作って良好な自然を囲い込む。森林を伐採したり、海岸を埋め立てたりする時には役所から許可をもらわねばならない。工場から汚水を排出するのは仕方ないが、排出するのであれば所定の基準値内のものだけとする。毎日の生活でゴミが出ることは避けられないとしても、その不法投棄は許さない。そうしたルールをいくつも作って、人間から生態系への働きかけを抑制してきた

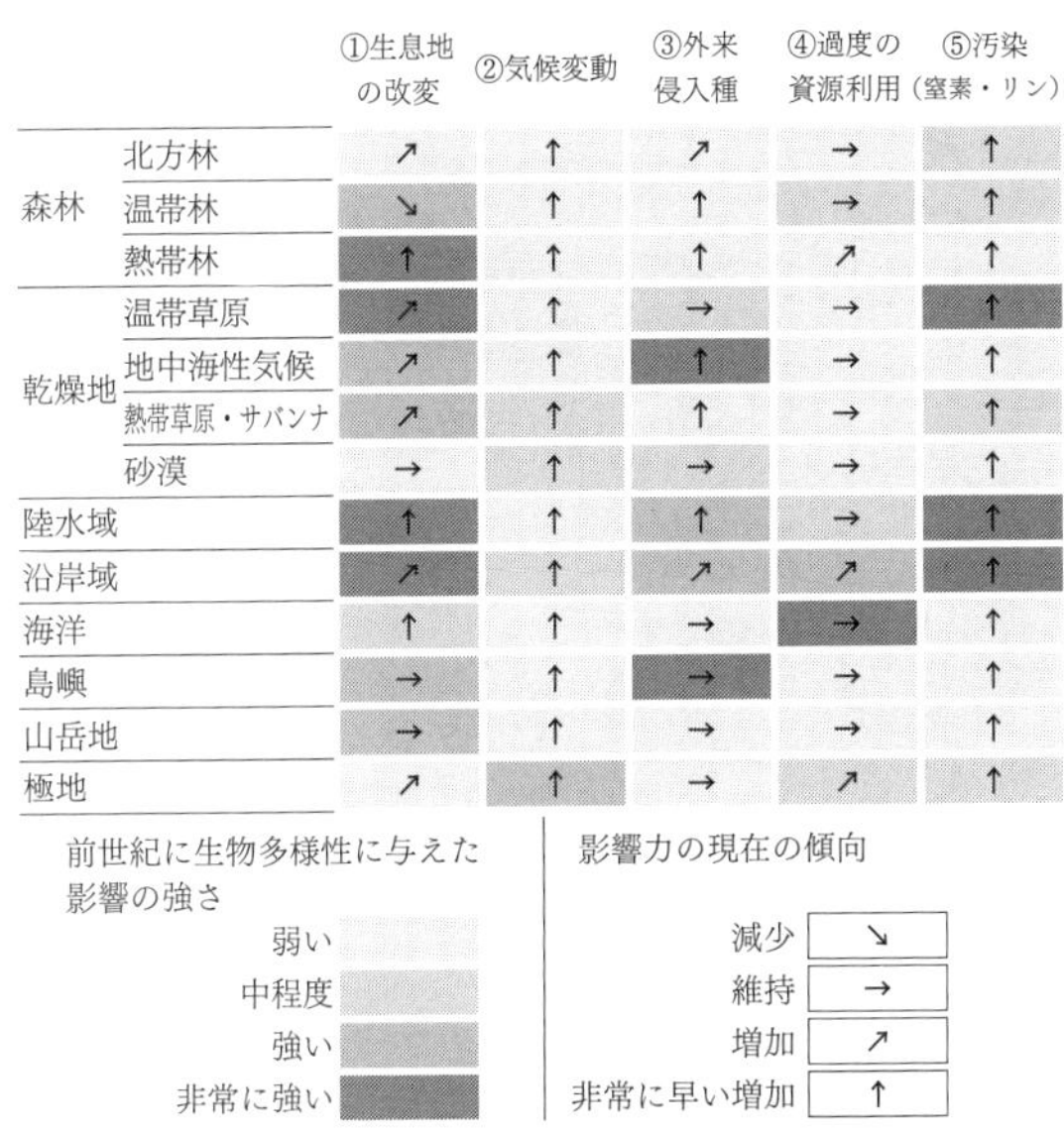

		①生息地の改変	②気候変動	③外来侵入種	④過度の資源利用	⑤汚染（窒素・リン）
森林	北方林	↗	↑	↗	→	↑
	温帯林	↘	↑	↑	→	↑
	熱帯林	↑	↑	↑	↗	↑
乾燥地	温帯草原	↗	↑	→	→	↑
	地中海性気候	↗	↑	↑	→	↑
	熱帯草原・サバンナ	↗	↑	↑	→	↑
	砂漠	→	↑	→	→	↑
陸水域		↑	↑	↑	→	↑
沿岸域		↗	↑	↗	↗	↑
海洋		↑	↑	→	→	↑
島嶼		→	↑	→	→	↑
山岳地		→	↑	→	→	↑
極地		↗	↑	→	↗	↑

図5－1　MAによる物量評価の結果

（Millennium Ecosystem Assessment 編（2007年）68頁より）

のである。一般的に「規制」と呼ばれる。こうした営みはこれからも続くであろうし、続けなければならない。そして場合によっては、それは強化されるべきであろう。MAの物量評価の結果は、「規制」という営みの必要性を裏付けるものとなった。

（2）文化的サービスを○○で評価する

物量で評価する、と一口に言っても、その方法はさまざまであり、サービスによってはその評価が難しいものも少なくない。とくに、文化的サービスについてはそうした傾向が強く、2014年の時点では、「まだその方法論すら十分に確立していない」と評されていた。[10] 筆者の

写真5－1　富士山
（写真提供：伊藤航輝氏）

講義でも、生態系サービス評価をとり上げると必ず、「文化的サービスの評価は難しいのではないか？」というコメントが寄せられる。ただし、そうした困難を乗り越えようとして闘志を燃やすのが、研究者たちである。彼ら彼女らが知恵を絞るからこそ、おっと思わせるような斬新なアプローチが発展をみてきたといえよう。

例えば、次のような課題が出たとしたらどうするか。「富士山の文化的サービスを評価せよ」。多くの人が面食らうに違いない。富士山の雄大さには古来、多くの人々が感銘を受けてきた。そして、それは今もそうである。例えば、冬の朝に東海道線の電車に乗ると、空気が澄んでいるせいで車窓から富士山が見えることが多い。それだけで何だか嬉しくなってしまう。稲村ヶ崎（鎌倉市）の海岸には古戦場跡があり、そこからの富士山の眺めも趣がある。もちろん、実際に登山をされた方たちの感動はとても大きいだろう（写真5－1）。

このようにして、だれもが何かしらの形で感銘を受けたり、野外レクリエーションなどのサービスを享受したりしているが、何を素晴らしいと思うかは人それぞれであり、それこそ、その日の気分や体調によっても違うはずである。富士山の文化的サービスを評価する。そんなことができるのだろうか。

景観工学者の林倫子らはその手掛かりを意外なところに求めた。校歌（！）である。[11] 林らは、静岡県内の271校の小学校について、学校から富士山が見えるかどうか、また、校歌に「富士」という言葉が入っているかどうかを調査した。すると、富士山が見えていても、校歌に「富士」が入っていない学校が30％以上あることが分かったという。ということは、その校歌に「富士」が入っている学校では、富士山が印象的な形で見えている可能性が高い。そこで、その歌詞を調べてみると、やはりそこには、「嶺」「高い」「山」「雪」「姿」など、富士山の印象的な見え方を表す言葉が多く入っていた。さらに、「心」「希望」「清い」「気高い」などの言葉が頻繁に使われていることも特徴的であったという。こうした調査結果を踏まえ、この研究では、富士山周辺の人々にとって、幼い頃に歌う校歌によく含まれる「富士」は文化的サービスとして評価できるとしたものである。

文化とは習慣でもあるだろう。なので、多くの人々が接する文化的な言葉を手掛かりとして文化的サービスを評価するというやり方は肯ける。そうした言葉としては、小説や詩、それに短歌などが思い浮かぶかもしれない。しかし、それらでは読み手に偏りが出てしまう。その点、校歌であれば、子供の頃にだれもがそれに等しく接していることで、そうした偏りの問題を緩和できる。

3　環境経済評価

物量ではなく、サービスやその大元の生態系の価値をお金（金銭）で評価する。そうした営みが「環境経済評価」である。[12] 生態系サービスをお金で評価するとは具体的にどのようなことをするのだろうか。食料や燃料のような供給サービスであれば、市場価格が存在しているので、それをそのまま使うことができる（市場価格法）。また、洪水の防止や水質の浄化、それに昆虫の送粉機能などの調整サービスであれば、それに代わるサービスを人工的に作り出した場合にどれだけの費用がかかるのかを計算することが多い（代替法）。

では、市場価格が存在しないものについてはどうすればよいだろう。例えば、A島という風光明媚な島全体の自然そのものについてはどうか。そうした場合には、人々に直接、尋ねてみるという方法がシンプルで分かりやすい（仮想評価法）。

A島の自然を守るためには、あなたの世帯に来年だけ（　）円負担してもらう必要があります。……あなたはA島を守ることに賛成ですか。それとも反対ですか

これまでに、こうした評価方法がいくつも開発され、実際の評価事業で使われてきた。詳しくは、環境経済学の関連書籍や環境省のウェブサイトなどを参照されたい。[13]

（1）トヨタ自動車より多いか少ないか

環境経済評価の結果としては、世界中でさまざまな数字が示されてきた。そして、わたしたちはその数字に驚かされることが多い。例えば、昆虫の送粉機能（という調整サービス）を人工的に作り出すとしたら、一体、どれだけのお金が必要だろう（代替法）。ミツバチは花から花へと飛び回って蜜

を集める。飛び回る際にミツバチの足に花粉が付くので、花粉は別な花へと運ばれていく。それにより受粉がなされ、その結果として果実ができる。そしてそれらの果実がわたしたちの食卓へ届く。こうした他者による花粉媒介に依存する作物は極めて多く、地球上の作物のおよそ75％がそのような作物であるという[14]。

花粉媒介昆虫の働き（＝調整サービス）を貨幣換算（＝代替法を使っての評価）すると、それは１年間でどれくらいになるか。筆者は毎年、講義中にそのように問いかけているが、受講生たちから正しい（と思われている）答えに近い金額が示されたことはない。その額が途方もなく大きいからである。数年前の国連関係の会議で示されたのは次の数字であった。１年あたり65兆円[15]（！）。ちなみに、２０２１年３月期決算（国際会計基準）において、トヨタ自動車の売上高は27兆２１４５億円であり、日本の２０２１年度予算における一般会計歳出の額は１０６兆６千億円ほどである（図５－２）。

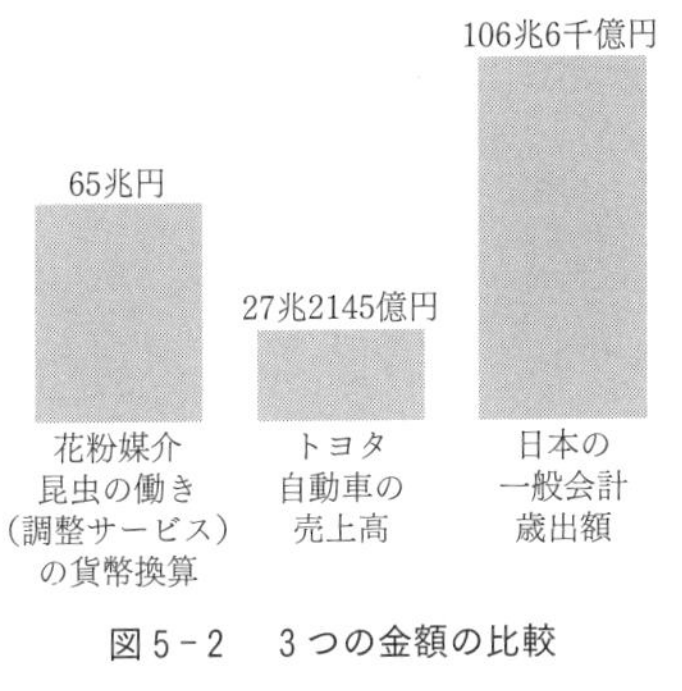

図５－２　３つの金額の比較

（２）評価から売買へ

生態系サービスがお金で評価されていくとどうなるか。「そうか。生態系サービスは**交換可能**なのだ！」そのように考える人々が現れそうである。そして、彼ら彼女らは、「それならば、人工湿地を造って、増えた分のサービスをポイント換算し、それを株のように売り買いしてもいいんじゃないか」といった構想を膨らませていくかもしれない。

例えば、ある場所での自然再生が上手くいった。それにより増えた分のサービスをポイントに換算してはどうか。そして、そのポイントを別な場所で開発を行った際に生じる悪影響の埋め合わせに使えることにする。そうすれば、開発をしたい側はそのポイントを買い取りたいと思うだろう。自然再生を手掛けた環境保護団体は、そのポイントを売却したお金で新たなスタッフを雇えるようになるかもしれない等々。実は、こうした構想はすでに現実の法や政策となっており、その市場規模は数千億円以上にも上る。それらについては本書の後半部（第8章）でとり上げよう。

（3）ルールの実質的な書き換え？

CBD（生物多様性条約）では、生物多様性が「財産」であるとは書かれていない。「人類共通の問題関心」であるとされただけであり、それが金銭で評価されたり、売り買いされたりするような事態は避けたいと考えていたかのようである。もちろん、「生態系サービス」という言葉も使われていない。

しかし、CBDの発効（1993年）後に現れたのは、金融のビット化と評価社会の浸透が同時進行する世界であった。そうした中で、多くの人々は、生物多様性の価値を金銭で評価することに抵抗を感じなくなっていったのかもしれない。生物多様性は、事実上、「人類共通の財産」となってしまったのだろうか。だとすると、生態系サービスという考え方によって、CBDは実質的に「書き換え」られたともいえそうである。

4　複雑な心中

大学の授業で、ＭＡの図を示しながら、生態系サービスという考え方とその評価事例をいくつか紹介していく。すると、重たそうに垂れていた学生たちの頭がぐっと持ち上がる。講義室の集中力が一気に高まるのが心地よい。他方で、講義後に書いてもらうコメントカードの中で、彼ら彼女らは複雑な心中を明かす。魅力的だが何か危うい。そうした心情がコメントカードの上にあふれ出す。

生態系サービスを人間が評価する。そうした営みに対しては、その可能性と今後に期待する声と同じかそれ以上に懸念を示す声が寄せられる。後者の側から寄せられた、実際のコメントをいくつか紹介しよう。

> 人間が実感しにくいサービスの評価はしにくいのではないだろうか。分解者の働きなどを想像してみるとよい

> Aという植物が、都心部にあれば、観光資源として文化的サービスの供給源になるかもしれない。しかし、同じAがアクセスの悪い離島にあれば、そのような供給源とはなり得ない。このようにして、生態系はその周囲の環境によって、そこから得られるサービスの量ないしは価値が変化する

生態系サービス評価については、評価が終わっても、生態系そのものが変化し続けているので、最大瞬間風速的な理解にすぎないともいえよう。そうであれば、評価の意義がよく分からない。定性的なサービス分類だけを行い、それを脅かす行為等を特定し、それらを管理するだけでよいのではないだろうか

こうした疑問ないし疑念が呈されているのは、講義室の中だけではないだろう。国際機関やそれぞれの国や地域の政策決定の現場において、そして学会や各種の研究会やセミナーでも噴出しているはずである。

5　参考に。そして自分たちで――参加型のサービス評価へ

生態系サービスという考え方の登場により、「どのような自然がどれくらい存在しているのか」が、「どのような生態系サービスがどれくらい存在しているのか」という問いへと言い換えられた。自然がまとっていた「象徴的な秩序が解体」され、「量的な大小関係に還元」されたものといえよう。[16] 生態系サービス評価という営みはそのようにして勃興したものである。本章ではその営みがどのようなものかを概説してきた。以下では、海外の法政策情報や今後の課題などについて気がついたことをいくつか述べたい。

（1）主流化（の予兆）

海外では、生態系サービスという考え方が、政策決定の場面においてその存在感を高めつつある。例えば、イギリスでは、この10年ほどの間に、国内政策への生態系サービスという考え方のとり入れが着実に進んだという。政策評価の手引き書や、自治体での政策作りの基本を示した全国的な枠組み文書など。そうした文書が生態系サービスへ言及するようになったのである。環境コンサルタントの柏原聡と西浩司は、このような制度発展状況を伝え、

生態系サービスの考え方が英国国内政策へより強力に反映されることになったと考えられる

としている。[17]

他方で、生態系サービス評価は、裁判の帰趨にも影響を及ぼすようになった。数年前に判決が下された国際裁判例を紹介しよう。当事者は中南米のコスタリカとニカラグアである。両国はサンファン川という河川を国境として向き合っているが、ニカラグアによる水路の掘削工事等によって、コスタリカの森林や湿地が損害を受けた。この損害（およびその結果生じた費用）への賠償を求めて、コスタリカが国際司法裁判所へ提訴したものである。2018年2月2日、同裁判所は、コスタリカの請求を認め、ニカラグアに対し、合計37万8890ドル59セント（米ドル）を支払うよう命じた。気鋭の国際法学者である鳥谷部壌によれば、この判決は、

[森林や湿地の]生態系サービスの損失を金銭評価可能な物理的損害と見なし、かつ、金銭賠償の算定に際して、かかる生態学的損害の金銭的価値の数量化が可能であるとしたところに重要な意義が認められるという。[18]

こうした政策事例や判決と似た動きは、世界各地で観察され始めているのではないだろうか。確証はないがそのように思えてならない（日本でも最近、生態系サービスと予防原則が絡んだ事案について、最高裁判所（第三小法廷）の判断が下った（最三判令和4年1月25日）。[19]この判決については別な場所で解説したので機会があればご参照いただきたい）。[20]柏原と西の言葉を借りれば、「生態系サービス概念の主流化」が起きつつあるといえようか。生態系サービス評価はそうした主流化の一部を成す。

（2）物量評価の行方

生態系サービスの物量評価については、ビッグデータやＡＩ（人工知能）が活躍する機会が増えていくに違いない。例えば、シカやイノシシなどの田畑への侵入については、これを防ぐ手立てとして電気柵が設置されてきた。しかし、予算には限りがあるので、田畑をすべて電気柵で囲むわけにはいかない。どこにどれくらいの柵を設ければよいのか。そうした囲い込みの最も効率的な場所や範囲が、ＡＩを使うことで見えてきたという。二つ目のナラティブのような事態（第1章2（2））と向き合うに当たって、参考になりそうな実践例である。

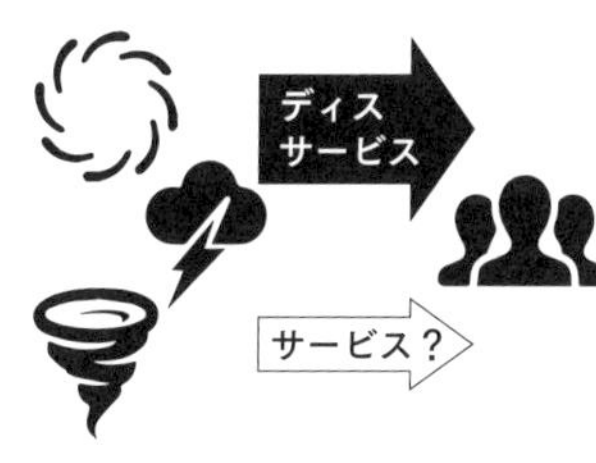

図５－３　自然現象の中の生態系サービスのイメージ

また、ディスサービス一辺倒のように思われていた自然事象についても、物量評価を試みることで、これまでとは異なる新たな認識を得られるかもしれない。例えば、竜巻や雷雨などは甚大な人的・経済的損害をもたらしてきた。しかし、その巨大な物理的エネルギーを何か人間にとって役立つように利用できるかもしれない、という見解も現れている。そうした自然現象の中で発生している雷や強風。例えば、それらの途方もない力を電力供給などに役立てることはできないだろうか。そこに「どのような生態系サービスがどれくらい存在しているか」。そうした問いさえも真剣に発し得るのが、〝生態系サービスの時代〟である（図5－3）。

（3）　経済評価と認識改革

生態系サービスの経済評価の発展も目覚ましい。例えば、各国の生物多様性国家戦略では、金銭評価の結果を示すのが普通になった。生物多様性が実質的に「人類共通の財産」とみなされる世の中であればこその現象だろう。本章3（1）の「一般会計歳出 ＞ ミツバチ（などの送粉機能）＞ トヨタ自動車」のナラティブに目を疑った方も多いはずである（筆者も最初は〝目が点〟になった）。その金額が本当に正しいのかどうかは分からない。しかし数字が示されることで、ミツバチなどの虫たちを、わたしたちが見る目＝認識が変わっていく。そうした認識改革を起こせることが、環境経済評価の特徴であり、大きな強みである。

（4） 生態系サービス評価のこれから――参考に。そして参加へ

こうした新たな動向が観察される一方で、生態系サービス評価という営みへは懐疑的な声や批判が多数寄せられてきた。何をどれだけ適切に評価できるのか（＝数値化できないものを切り捨てることにはならないか）。「地球は最適化の計算を当てはめられるべき存在」でしかないのか。[21] そして、「そもそも経済的な豊かさにはどんな価値があるか」。[22] こうした懸念はこれからも呈され続けるだろう。

ただし、〝ほどほど〟の評価結果は、わたしたちが「自然」のさまざまな顔と向き合うに当たっての助けにもなってくれそうである。評価結果を鵜呑みにするのではなく、「そうか、こういう計算をすると、こういった評価結果になるのか」くらいの気持ちで構えること。つまり、「参考」程度にすればよいと思う。

とくに経済評価に対しては、人（とくに地域や共同体）と自然との間の複雑かつ豊かな関係性が、お金という「たったひとつ」のモノサシで「ひとくくり」にされることへの危惧が示されてきた。[23] この危惧は正当なものと思われるが、他方で、今後の日本では人口が減少し、自治体の資金繰りも厳しくなっていく見込みが高い。そうした中で、いかなる「手入れ」にどれだけのコストをかけていくのか。それを検討する〝目安〟としては、経済評価の〝分かりやすさ〟は捨てきれないようにも思われ

る。

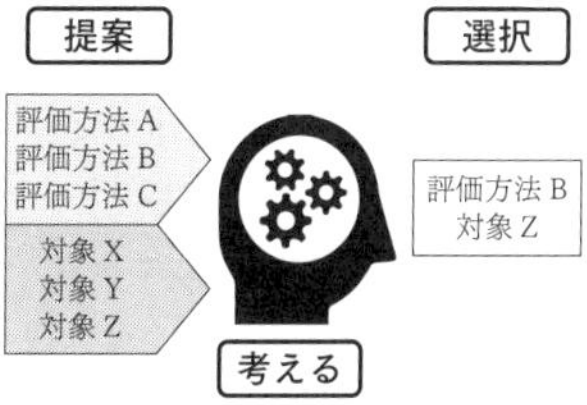

その意味では、金銭評価の方法や対象を地域自身で「考え」た上で、「選択」できるようにすることが一案かもしれない（図5－4）。そうすることで、生態系サービス評価という方法論に基づきつつも、「多数の語り（ナラティブ）」を生み出せるのではないか。[24] ひいては、大多数の人々が「地球官僚（ジオクラート）的な専門家の提示する解決策に身を委ねる」[25]だけの存在となってしまうリスクを下げられるのではないだろうか。生態系サービス評価を「参加」型にしていくこと。これを、今後の重要政策課題の一つとして挙げておきたい。[26]

提案　選択
評価方法A
評価方法B
評価方法C
対象X
対象Y
対象Z
考える
評価方法B
対象Z

図5－4　参加型の生態系サービス評価のイメージ

〈補遺〉本章の脱稿後、国際的な組織であるTNFD（自然関連財務情報開示タスクフォース）から、TNFDβ版 v.0.3（の日本語要約版）が公開された。これは、企業が任意で行う、自然関連リスク・機会に関する情報開示の枠組み案であり、最終提言（2023年9月公表予定）の内容が、世界中の機関投資家から注目されている。この枠組みを形づくる基本概念の一つが生態系サービスである。

第6章　最初からあるもんじゃない——「生態系」を創り出す

「遊び場は最初からあるもんじゃない、じぶんで見つけるもんだ」。小説家であり仏文学者でもある堀江敏幸が若き日に足繁く通っていたパリのカフェの主人は言う。[1] 生態系も同じなのではないか。本章では、「じぶんで見つける」を越えて、生態系を「自分たちで創り出す」ことさえできるのだ、と論じてみたい。「生態系」成立試論。あるいは、人文・社会科学のための生態系サービス論。以下では、そうしたものを展開していこう。

1　生態系はどこに行った？

矢印の多彩さはさておき、何かとても大事なものが一つ欠けている。MAの図（図3－1）を見た時に、そのようには思わなかっただろうか。指摘されると「あぁ、そうだったか」と思うかもしれない。生態系。MAの図にはそれが記されていないのである。まさかそんなはずはないだろう。そう思われた方は、もう一度、図を確認していただきたい。生態系サービスの図であるのに、生態系がどこにも見当たらない。これは一体どういうことなのか。

(1) 生態系が見当たらない理由

シンプルな答えは、「生物多様性」の中に「生態系」が含まれているから、となるだろう。CBD(生物多様性条約)の2条は次のように定めている(傍点は筆者による。以下同)。

> 「生物の多様性」とは、すべての生物……の間の変異性をいうものとし、種内の多様性、種間の多様性及び生態系の多様性を含む[2]

MAの図の作者たちもこの理解を共有していたので、その図の中に生態系をわざわざ書き込まなかった。そのように考えれば、先の問いへの答えとなりそうである。

(2) 生態系を省いてしまうことの問題

しかし、MAの図を見るだれもがそうした理解を共有しているとは限らない。むしろ、していないことが大半であろう。そうすると、生態系サービスがもたらされるプロセスは、例えば、次のように理解(曲解?)されてしまうかもしれない。すなわち、

生物多様性が確保される ⬇ サービスが確保される

といったようにである。ここで詳しくは紹介できないが、こうした理解が安直であることは、多くの生態学者によって指摘されてきた。そこで、生態系サービスがもたらされるプロセスは、

生物多様性が確保される ⬇ 生態系が健全に機能する ⬇ サービスが確保される

といったように理解すべきであるといわれる。[3] 生態系サービスを確保するには、生態系とそこに暮らす動植物の機能を明らかにして、その健全性を保つのが大事だということになろう。それでは、生態系とはそもそも何なのか。

2 生態系とは何か

生態系。一般書やビジネス書などでも少しずつ普及してきた感がある言葉ではある。しかし、その意味をきちんと説明した上で、それを使っているものは多くない。本書でも、ここまで何の義も定めずに、その言葉を用いてきたが、生態系とは何を意味しているのだろう。

生物の「種」。こちらについては中身をイメージしやすい。犬や猫、鳥や魚、牛や馬、蝶やセミ、桜にバラ等々。だれもがいろいろな種をイメージできよう。

種は生物の集合であって、それらのあいだでは遺伝物質を……交換することができ、性別がある

といったイメージである。[4]

一方で、「生態系」はどうか。この言葉から思い浮かべるイメージは一定しない。生態系と聞くと、わたしたちの多くは、森や川、それに海などをイメージするだろう。[5] 熱帯雨林や砂漠などを思い浮かべる方もいるかもしれない（写真6-1）。あるいは、「地球上の生命は一つの生態系に属している」という壮大なイメージも持てそうであるし、[6] 倒木や木の洞（うろ）、それに都市の街路樹のような場所も生態系といえそうである。このほかに、会社の組織やウェブ上のシステム、それに、（都会に対しての）地方などを「生態系」と呼ぶことも多くなってきた（本章末「コラム『生態系』の増殖」参照）。思い切って、生態系とは「生き物と自然的要素（気候や水、それに土壌など）を合わせたもの」[7] としてもよいようにも思うが、生態学者の森章が指摘するように、

> 実際には、観察や研究、あるいは行政上の管理など、さまざまな目的や事情に応じて、生態系……の定義は変化する

ので、そう簡単に思い切るわけにもいかない。[8]

では、生態系は法の中でどのようなものとして書かれているのだろうか。法は、多数決による〝合意〟を文字に著したものである。なので、それは、人々の意見が食い違い、何が共通解であるかの一

写真6-1　一般的な生態系のイメージ
右下はわかりにくいが鳥取砂丘。（すべて筆者撮影）

致をみない状況での拠り所となる。ＣＢＤは、その2条において、生態系を

> 植物、動物及び微生物の群集とこれらを取り巻く非生物的な環境とが相互に作用して一の機能的な単位を成す動的な複合体をいう

と定めた。

ボヤっとした規定ぶりであるが、生態系とは、生き物とそれらの外界としての環境から、世界を捉えようとするもの（＝いわゆる〝観点〟）であることが窺われよう。なので、その「非生物的な環境」という言葉についても、これを必ずしも、気候や水や土壌などの「自然的要素」に限定しなくともよさそうである。人間の活動やそれに使われる工作物・機器なども含めてもよいかもしれない[9]（写真6－2）。

写真6－2　本章での「生態系」のイメージ
左上は弘前城、右下は筑紫平野に広がる田畑。
（いずれも筆者撮影）

少なくとも、そこにそれらを含めてはならないとする規定は、ＣＢＤの中には見当たらない。むしろ、人工物も「非生物的な環境」に含められると読むことで、例えば、農業生態系（のような生産システム）も、生態系の一部を成すものとして無理なく捉えられるようになる。[10]

3 「生態系」成立試論――最初からある。見えてくる。創り出す

生き物と（それらを取り巻く）非生物的な環境を合わせたものとしての生態系。それは、どのようにして、わたしたちに認識されるようになるのだろうか。筆者は、次の三つの成立パターンがあると考えている。一つは、最初からある（ように思える）生態系。もう一つは、生態系サービスが変化することで、わたしたちにより新たに見出される生態系。そして最後に、人間がその成り立ちに積極的に関わることによって立ち現れる、言い換えれば、わたしたちが〝創り出す〟生態系である。これら三つの「生態系」はどのようにして成立していくのか。以下、具体例を挙げながら説明しよう。

（1） 最初からある（ように思える）「生態系」

上述したような、わたしたちが抱く、一般的なイメージとしての生態系。森川海や熱帯雨林や砂漠など。それらは「生き物と非生物的な環境」を合わせたものの典型例であるのでイメージしやすい。しかし、ただそれだけであり、それらをもって「生態系」なるものを十全に語り尽くせるわけではない。

それでは、簡単にはイメージできない（つまり、すぐには頭に浮かんではこない）、その他の無数の「生態系」についてどのように考えるべきか。

（2）見えてくる「生態系」

突然だが、次の問いについて考えてもらいたい。二つのうち、わたしたちが最初に認識するのはどちらだろう。何らかのサービスが供給されていることか。それとも、その供給元の生態系か。MAの図では、生態系が始点にあり、そこから人間社会へサービスが届く、といった様子が矢印（→⇒➡）で描かれていた。そのため、わたしたちは「最初に生態系を認識している」と思いがちである。しかし、現実の認識の順番は逆ではないだろうか。むしろ、何らかのサービス（とその矢印（→⇒➡））の存在を認識した時に初めて、その源である何かが「生態系」として（わたしたちの前に）立ち現れてくるのではないか。

すなわち、多くの「生態系」は「最初からあるもんじゃない」のではないか。それらは、生態系サービスを受け取っているという認識を（わたしたちが）持つことで「見えてくる」ものではないか。「ゆっくりと息づきはじめる」といってもよいかもしれない。[11]

〈サンゴが棲まなくなった海域生態系〉

サンゴ礁に恵まれた海域があるとしよう（写真6-3）。そうした海域は生物多様性が豊かな一つの生態系であり、そこから多くのサービスが供給されている（と認識されている）。しかし、地球温暖化

写真6－3　石垣島のサンゴと熱帯魚の群れ　（筆者撮影）

がこのまま進むならば、サンゴは生育できなくなり、そこはコンブやワカメなどの大型藻類によって優先されてしまうかもしれない[12]。

すると、生物多様性が低下して、そこから供給されるサービスもまた変わるだろう。そうした変化を目の当たりにして、わたしたちは、地図上では以前と全く同じ海域を、生物多様性が低下した「新たな生態系」として認識するようになる。

〈外来種を含んだ生態系〉

写真6－4　ニュージーランドの羊
羊は同国の在来種ではない。　（筆者撮影）

外来種のイメージは一般に良くない。セアカゴケグモやヒアリ、それにアライグマなど。マスコミ報道の中でとり上げられる外来種たちには、健康被害や農作物被害などの元凶というイメージが付きまとう。しかし、その一方で、わたしたちの生活環境にすっかり馴染み、在来種と見分けのつかなくなっている外来種も少なくない[13]（写真6－4）。

さらに、生態系サービスという考え方を踏まえれば、全く別の景色も見えてくる。すなわち、外来種からわたしたちへ向けて放たれている矢印は、いつでも黒い矢印（ディスサービス）であるとは限らない。例えば、北海道には、外来種である樹種カラマツを植えて作られた防風林がある。近年のある研究によれば、その防風林には、防風に加えて、在来種の成長・更新を促進する機能もが備わっていたという。[14]

こうした事実を知れば、「外来種を含んだ生態系」が「外来種を含まない生態系」よりも得られる生態系サービスが少ないとは必ずしもいえない。この点に関しては、ニュージーランドの生物多様性国家戦略がその策定時点（2000年）ですでに「外来種も含んだ生物多様性」という考え方を打ち出していたことが注目されよう（本章1（1）で述べたように、生物多様性は生態系を含んだ概念である）。同国では、その考え方に依拠しながら、先進的な環境政策が次々と打ち出されている。[15]

（3）創り出される「生態系」

他方で、次のような「生態系」は、次第に「見えてくる」ようなものではない。それらは、わたしたちが積極的に構築してきたものである。

〈都市生態系の一部を成す公園〉

町中の「公園」（正式には都市公園と呼ぶ）の総面積。これがこの半世紀ほどの間にどれくらい増えたのか。その数字を知ったら、多くの人が驚くに違いない（筆者は驚いた）。それは、1960年には144平方キロメートルであったところ、2000年代に入ってすぐに1000平方キロメートルを突破した[16]。1000平方キロメートルとはどのくらいの広さなのか。東京ドーム約2万1400個分(!)に相当する広さである。

そして、公園については面積が増えただけではない。その中身も変わってきた。筆者の子供時代には、すべり台や鉄棒、それに砂場やベンチなどが設置されているだけの殺風景な公園が多かったように思う。

しかし、近年の都市公園には、ビオトープを設けるなど、生き物とのふれあいの場所や機会を積極的に創り出そうとしているものが少なくない(写真6-5)。また、一昔前の里山のような「ちょっと前の時間」へ戻るようなコンセプトの公園(第13章2)なども見られるようになっている。こうした新たな公園から供給されるサービスは、昔の公園のそれとは異なるだろう。そのようなサービス認識を基盤として、現代の公園たちが「都市生態系」の一部として立ち上がってくる。

写真6-5　横浜市都筑区にある茅ヶ崎公園内の風景
(写真提供：茅ヶ崎公園自然生態園)

〈科学技術との複合体としての生態系〉

阿寒摩周国立公園(北海道)で催されている、あるイベントが話題である。「カムイルミナ」。北海道の先住民族であるアイヌの文化(写真6-6)と阿寒湖の美しい自然からインスピレーションを得たプロジェクションマッピングが、夜の同湖畔で行われている。[17] もちろん、その装置や湖面等に投影された映像は生き物ではない。なので、生物学的な意味で、そうした映像が自然と共に「作用」しているわけではない。しかし、その映像は「非生物的な環境」の一つであり、自然と共に「作用」して、「夜の阿寒湖という生態系」を創り出している。そして、そこから、わたしたちが得ることを期待するもの。それは、野外での幻想的な体験という、一つの文化的サービスである。

写真6－6　アイヌ民族の伝統模様
（著者私物。なお写真と本文とは関係がない）

〈都市果樹園（エディブル・シティ）という生態系〉

エディブルという言葉は聞いたことがないという方が大半に違いない。筆者もこれがカタカナになっているとは知らなかった。これはedibleという英語をカタカナ読みしたものであり、元々は「食べることができる」つまり「食べられる」という意味である。

この言葉との関連で、注目すべき動きが世界各地で起きている。2014年の映画『都市を耕す――エディブル・シティ』は、サンフランシスコのような大都市内で草の根的な農業活動が活発化している様を活写した。そして、これを公共政策として採用したのが、デンマークの首都コペンハーゲンである。[18] 2019年、同市は、だれでも無料で食べられる「公共の果樹」を市内に植えることを決定した。今後、コペンハーゲンは「都市果樹園（エディブル・シティ）」となっていくという。果樹が人はもちろん、鳥や虫たちへ多くの生態系サービスを供給していることは多くの人が知るところである（写真6－7）。その一方で、果樹は、送粉・受粉という生態系機能を通じて、虫たちから多くのサービスを受け取る受益者でもある。デンマークでは、こうした生態系サービスの往復運動の場としての「都市果樹園という生態系」が姿を現そうとしているといえよう。

このように、「生態系」は最初からある（ように思われる）場合（本章3（1））もあれば、環境変化に起因する生態系サービスの変化によって（新たに）見出されることもある（本章3（2））。この二つ目の生態系は、時計の短針のようなものかもしれない。その位置は、微妙に、そして確実に変化しているのだけれども肉眼では捉えられない。しかし、ふと気がつくと2時が3時になっていた。それと似たような感がある。あるいは、以前の生態系が否定ないしは破壊された時に発見されるのが、二つ目の生態系といえようか。

写真6－7　瀬戸内のある島の道端で実っていたレモン（筆者撮影）

これらの他に、わたしたちはしばしば「生態系」を〝創り出して〟もきた。この三つ目の成立パターンについては、次のような声も聞こえてきそうである。「そのようなことをしてきた覚えはない」とか「そのための方法を持ち合わせてもいない」とか。しかし、過去を振り返ってみれば／

辺りをちょっと見回せば、そこにあるのは、わたしたち自らが〝創り出して〟きた「生態系」ばかりなのではないか。上に挙げたもののほかにも、多くの事例があることを、後続章ではとり上げていく。「JR国立駅前の大学通りという生態系（第9章3）」「オオタカがすむ森のまちという生態系（第12章1）」「舞岡公園（横浜市）という（少し前の時代の）生態系（第13章2）」等々。

4　共に投げ込まれて——手入れのために「開かれた」場所で

生態系は「最初からある」わけではない。[19] それは（さまざまな解釈に）「開かれた」場所である。[20] そう認識できれば、「生態系」それ自体が「手入れ」の対象であることに気がつくだろう。そして、前節で見たように、実際、わたしたちは「生態系」へ手を入れて、そこから得られる「生態系サービス」の内容や量などをデザインしてきた。

実は、こうした自然の捉え方は珍しいものではない。例えば、社会学者のジョン・アーリは「こんにち私たちが確認できるあらゆる自然は、社会的な営為……と巧妙に絡み合い、深く結びついている」とした上で、「社会的な営みの差異によって、生産される『自然』も異なる」と述べていた。[21] しかし、アーリの議論では、どのようにして自然を生産するかが分明であったとは言い難い。そこで、本書では、生態系サービスという考え方を援用し、「生態系」成立試論という一つの方法論のように仕立ててみたものである。

それでは、この「生態系」成立試論は、妙に元気な自然との「間合い」を測り、それに手を入れていく上で、どのように役立ちそうだろうか。

(1) 二項対立からアイデア論争へ

生態系は、(さまざまな解釈に)「開かれた」場所であると同時に、生き物と非生物的な環境が「共に投げ込まれて」いる空間である。[22] なので、そこは必ずしも穏やかで平和な空間ではない。むしろ、そうした空間ならではの喧騒と論争に満ちている。

カムイルミナを例に考えてみよう。このイベントについては、野生動物等への影響(とくに光害)が懸念されている。光害は、動物の繁殖の時期や行動パターンを変化させるだけではなく、生態系サービスにまでも影響を及ぼすという。例えば、都市の街灯について行われた研究では、その光害によって、昆虫の送粉機能、つまり、花から花へと飛び回って花粉を運ぶ機能が低下していた。[23] 阿寒湖畔に棲む生き物へのプロジェクションマッピングの影響はどうだったのだろう。

他方で、カムイルミナをめぐる論争は、自然保護か開発かという二項対立的な争いとは性質が違うのではないか。そこで起きているのは、生態系サービスをめぐるアイデア論争のようにも見える。繰り返しになるが、カムイルミナを通じて現れる「夜の阿寒湖という生態系」は動植物だけから成り立つのではない。プロジェクションマッピングもそうした「生態系」の一部である。「夜の阿寒湖という生態系」は、生き物と非生物的な環境が一体化したものであり、そこから生態系サービス(おそらく文化的サービス）が産み出される。

先に紹介した研究では、光害によって昆虫の送粉機能が低下したことが報告されていた。なぜそうなったのかといえば、それは、昆虫がある程度以上の強さの光を長期にわたって浴びたからなのかもしれない。だとすれば、カムイルミナが短時間でかつ短期間のイベントであればどうか。その動植物へ及ぼす悪影響という意味でのディスサービスは、カムイルミナから生まれる文化的サービスと比べて、どう扱われるべきなのだろう。

意見の対立を世の中から一掃することはできない（し、望ましいことでもない。見解の違いがなければイノベーションも生まれない）。「どっちにも言い分がある」のが普通だろう。だから、

双方の言い分をちょっとずつ小さく丸めてどうにか収め［る］

のが望ましい。[24] 意見対立を、とりつく島のないものから「小さく治められる」ものへと置き換えるのである。[25] そのようにして、「共に投げ込まれている」〝空間〟を、「何とかして一緒に生きていく」ための〝場所〟にしていく。それは決して不可能ではないし、そうできるケースも実は意外と多いのではないか。〝空間〟を〝場所〟へと変異させていく。そのための道具となるのが、生態系サービスという考え方と「生態系」成立試論である。

（2）想像力を解き放つ

　さまざまな顔を持つ「自然」と向き合うには、わたしたちも自らの想像力を解き放つ必要があるのではないか。ミクリの間引きのナラティブ（第1章2（1））からも垣間見えたように、「自然」から人間への働きかけは偶発的かつランダムである。生態系サービスという考え方をもって、その動きを多少把握できたとしても、把握の程度には限界もあろう。その偶発さやランダムさに身を委ねるだけならば、目が回り、挙句の果てに『嘔吐』してしまわないとも限らない。

　しかし、次のような認識を持てればどうか。「生態系」は「最初からある」わけではない。わたしたちによって〝創り出され〟さえするものである。このような認識を持てれば、わたしたちは、気ままな「自然」にただ揺さぶられるだけの存在から脱却できるのではないか。なぜなら、そうした認識を持てることで、わたしたちの「想像力は広がっていき、今までであれば、考えもつかなかったような**新たな生態系と生態系サービス**を思い浮かべられるようになる」からである。[26]

　もし、建物と建物の間に点在する広大な緑地を保護区にできたら（例えば、札幌市であれば、そうした隙間は東京ドーム300個分（！）もあるという）（第7章5（3））

　もし、バスや電車に犬が一人で（一匹で？）乗れるようになったら（第10章4）

　もし、ちょっと前の時間の生態系に戻ったような公園を造れたら（第13章2）

こうした「具体的な『もし』(what if……)が既存の秩序を受け入れてしまう想像力の貧困を克服し」[27]、わたしたちと「自然」との関係を一方的なものから、より双方向的なものへと変えてくれるのではないだろうか。あるいは、サービスの贈与と「手入れ」との往復運動(第14章3)を強化してくれるといってもよいかもしれない。

想像と想像力とは同じではない。想像力なるものには、次のような「力」が備わる。政治学者のハンナ・アーレントの言葉を借りよう。

想像力によってはじめて、私たちは……近すぎるものから勇気をもって距離を取り、それを偏見なく眺め理解することができる。そしてまた、私たちから遠く離れたすべてのものがあたかも自分たち自身の問題であるかのように、心を広くもって距離の淵を埋めることができる[28]

ここで、アーレントが「距離」と著したものは、本書で「間合い」と呼んでいるものに相当しよう。間合いを測るための「勇気」や「心の広さ」。これらを培ってくれるのが想像力である[29]。この力を働かせたその先に、適切な「手入れ」の輪郭が浮かび上がってくるのではないか。「生態系」成立試論は、わたしたちが想像力を解き放つための方法論となる。

「生態系」の増殖

生態系ないしはエコシステム。その意味するところの拡張が止まない。筆者が生態系という言葉を含めたタイトルの学会報告を行ったのは1998年であった。日本の法学関係の学会ではほとんど前例がなく、「生態系（管理）って一体何なんだ?」という雰囲気が会場に充満したことを覚えている（生まれて初めての学会報告だったので妙に記憶が鮮明である）。

それから四半世紀が経ち、生態系という言葉はより多くの人々によって使われるところとなった。[1] 例えば、GAFAM（Google, Amazon, Facebook（現在のメタ）, Apple, Microsoft）などの首脳陣は、かなり以前から「エコシステム（生態系）」を創り出すことがビジネスの肝であると公言している。その影響で、日本の経営者たちもその言葉を使うようになったものであろう。

そして近年、生態系という言葉はより〝普通〟に使われ始めた。例えば、2022年に出版された2冊の書籍での使われ方を見てみよう。まず、『韓国 超ネット社会の闇』には、「世界的なSNSに代わって、K‐POPのグローバルファンダムのための新しい生態系が韓国発で生まれようとしている」という一文がある。[2] 次いで、『なぜ人に会うのはつらいのか』によれば、「地方は東京都とは別の生態系」になりつつあり、そこでは「中央とは異なる『変種』が根付きつつある」という。[3]

これら2冊は〝新書〟として、つまり、一般書として広く読まれることを前提として出版された。そして、上のように、何の注釈もなしに、生態系という言葉が使われている。ということは、この言葉が現代の日本社会で〝普通〟に使われ出していることを物語っているといえよう。

このようにして用いられている「生態系」は単なるメタファー、つまり暗喩や「例え話」なのかもしれない。しかし本当に「例え話」であるだけなのだろうか。そうではないような気もしないではない。例えば、「中央とは異なる『変種』」からは、新たな生態系サービスが生まれているような気もするからである。この直感のようなものを確信とするべく、どこか別のところで何か書けたらと思う。

第III部

空間へ手を入れる

第7章　囲い込み。そして、その先へ

ゾーニング（zoning）という言葉を聞いたことはあるだろうか。ゾーニングとは、何らかの目的のために、空間を指定ないしは区分けすることをいう。その結果として、一つ／複数の区域（＝ゾーン）が現れ、その中では特定の活動が制限されることが多い。自然を守るためのゾーニングも頻繁になされており、国立公園や鳥獣保護区といった自然保護区（以下、保護区）が数多く設けられてきた。保護区というからには、美しい風景や貴重な動植物を守るべく、人による「手入れ」はご法度なのだろうか。また、保護区として指定されると、その空間はずっとそのままであるかのような、いわば「動かない空間」としてのイメージも強いが、実際はどうなのだろう。以下では、生態系サービスという考え方を適宜援用しながら、そうした紋切り型のイメージを裏切っていきたい。

1　保護区と「手入れ」

まずは、保護区なるものの輪郭をつかもう。保護区とはいかなるものであり、また、それはどのくらいあるのか。その上で、「手入れ」という観点から、保護区なるものの特徴を捉えてみたい。

(1) 保護区とは何か

そもそも保護区とは何か。実は、保護区なるものに一義的な意味を与えることはできない。その定義は、「生態系」の場合と同じように、さまざまな目的や事情によって変化する(第6章2)。本章では、差し当たって、それを、「法律や条例などに基づいて一定の空間を囲い込み、それにより自然を守ろうとするもの」としておこう。国立公園や鳥獣保護区のほかに、国定公園や保安林などを思い浮かべてもらいたい。そうした区域の中では、高層ビルを建てたり、スーパーマーケットを開業したりといった活動が自由には行えない印象が強いはずである。

それでは、日本の国土面積のどれくらいが保護区となっているか。おおよそ20%。日本の陸地の5分の1が保護区となっている。この数字には、「そんなにあるのか!」と驚かれた方も多いかもしれない。しかし、最近、これを30%まで引き上げるという目標が先進国間で合意された。しかも、2030年までに(あと7年しかない)である。大丈夫(=実現できる)だろうか。実は、その数字をクリアするための秘策がある。その策については、本章の後半でとり上げたい(本章4(1))。

(2) 保護区と「手入れ」の許容

次いで、保護区の内側を覗いてみよう。保護区内であっても、自然を強く守ろうとはしない空間も

地種区分		大凡の割合（%）	規制の仕組み・農林漁業との関係	
特別地域	特別保護地区	13	許可	現状の変更を厳しく制限
	第1種特別地域	13	許可	特別保護地区と同程度
	第2種特別地域	24	許可	農林漁業に一定の制限
	第3種特別地域	24	許可	通常の農林漁業は可能
普通地域		26	届出	各種開発行為が可能。ただし自然景観への影響が大きい場合を除く

表7－1　国立公園内の地種区分と規制の強弱
（環境省のウェブサイト「日本の国立公園」https://www.env.go.jp/park/doc/data.html を参照の上、筆者作成）

ある。そう言われたら、多くの人は混乱するだろう。わざわざ保護区を設けたのは、自然を守る＝保護するためではないのか。そのように考えるだろうからである。

表7－1を見てもらいたい。これは国立公園という保護区の中に設けられた細かな区域区分を整理したものである。次の二つのことが分かるだろう。

一つは、ゾーニングが「入れ子式」となっていることである。ゾーニングによって現れた区域の中で、さらなるゾーニングがなされ、より細かな区域が生まれていく。国立公園であれば、それは普通地域と特別地域という二つの区域に分かれ、後者の特別地域はさらに四つの区域に細分化されていく。そのような仕組みとなっていることが窺われよう。

もう一つは、保護区内における規制の強弱である。例えば、国立公園内であっても、普通地域であれば開発許可は要らない。「これから開発をしますよ」と役所へ届け出るだけで開発ができてしまう。なので、ホテルなどの宿泊施設は、自然への影響が必ずしも小さくはないものの、普通地域内では〝普通〟に見受けられる。また、まさかとは思うが、保護区内では原子力発電所（！）も設置されている。敦賀原発1・2号機はどこにあるか。若狭湾国定公園の第2種特別地域内である。[1]

（3）「手を入れない手入れ」の具現化

このように、保護区であっても、農作業や一定の開発行為などの「手入れ」が許されている場合は少なくない。ただし、保護区なるものの最大の特徴はやはり「手を入れないという手入れ」（第4章3（2））を現実のものとする点に求められよう。例えば、国立公園内の特別保護地区であれば規制の強度は高い。そこでは、タテマエ上、落ち葉1枚をポケットに入れて持ち帰ることすら許されていない。法律上は、それが露呈すれば刑事訴追することさえ可能となっている。

本書では、「妙に元気」な自然に注目するが、そのことをもって、脆弱な自然を守る（＝保護する）必要がないと説くものではない。保護区についても、それは、本来、弱きものを守るために存在するものと考えている。この点については、本章の最後で、生態系サービスという考え方と絡めながら、あらためて述べたい。

なお、保護区になってからも「手入れ」が認められるのは、元々その場所で持続可能な「手入れ」がなされていたからではないだろうか。すなわち、そうした「手入れ」があったからこそ、保護に値する場所となったのではないか。[2] 具体例としては、阿蘇くじゅう国立公園の草原などが思い浮かぶ。[3] そのような場所ならば、保護区に指定された後であっても、一定の「手入れ」が続けられねばならないだろう。それゆえ、保護区内での「手入れ」が頻繁に見受けられるとしても、必ずしもそれは〝開発自由〟という思想の現れではない。

さて、ここまでに述べてきたことは既存のテキスト類でも確認できることばかりであった。ここからは、日本の保護区をめぐる近時の動向を紹介していく。冒頭で述べたように、保護区とは空間を〝囲い込む〟営みなので、〝動かない〟ものというイメージが強い。しかし、生態系サービスや手入れという考え方が台頭する中で、そこにもさまざまな〝動き〟が現れつつある。

2　いつでも排除するわけではない

富士箱根伊豆国立公園の特別地域は、24時間365日いつでも富士箱根伊豆国立公園の特別地域である。当たり前のことであり、伝統的な保護区とはそのようなものであった。何らかの理由でその指定が解除されない限り、ずっと保護区のまま。いわば、静的なイメージが強い存在であったといえよう。しかし、保護区なるものにも〝動的な要素〟がないわけではない。

(1)　ウミガメ保護と可変式保護区

徳島県に美波町という小さな町がある。同町では、「大浜海岸のウミガメ（とその産卵地）」を保護するためのちょっと変わった仕組みを考え出した（図7－1）。

　一定の空間を対象とした、人の立入禁止や車の通行禁止。よくあるタイプの保護区といえるだろう。しかし、この保護区はそこいらの保護区とは一味違う。それは、保護区が現れたり／消えたりすることである。この空間は、24時間365日いつでも保護区であるわけではない。初夏からお盆過ぎまで、かつ、夕方過ぎから早朝までは保護区であるが、その他の期間・時間帯は、普通の砂浜に戻る。この保護区は「いつでも手入れを排除するわけではない」保護区、いわば、可変式保護区といえよう。

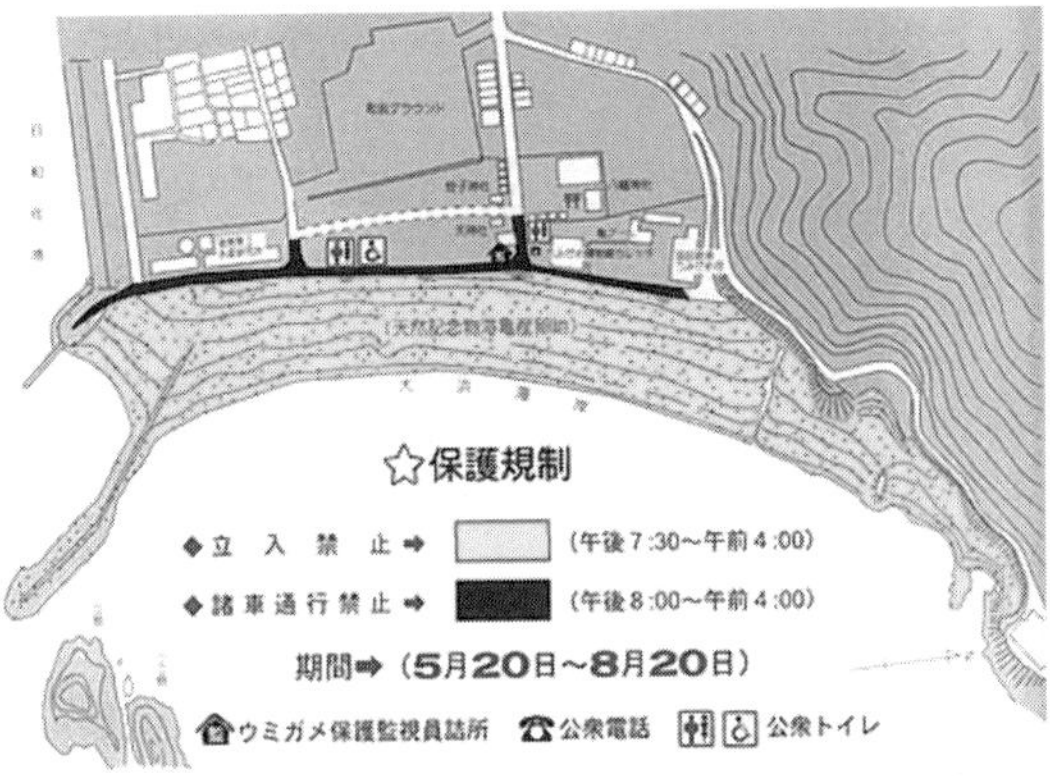

図7－1　大浜海岸のウミガメ（とその産卵地）」を保護するためのゾーニング

　美波町はなぜこうした仕組みを採用したのか。その答えは、生態系サービスという考え方から最もスムーズに引き出せるように思われる。

　大浜海岸という生態系から供給されるサービス（↓⇓➡）は、ウミガメにとっての産卵地であることだけではない。その海岸は、人々が海水浴やキャンプなどを楽しむ場所でもある。美波町の人々にとっては、いずれも大事なサービスに違いない。どちらかを極大化することは、美波町の持続可能性を高めることにつながらない。おそらく、同町（とその前身の日和佐町）ではそのような判断があったのではないか。そこで、上のような仕組みを導入したのだと思われる。

相反する「価値」がある場合に、どちらかに軍配を上げるのではなく、それらを並列する複数の「サービス」と捉え直す。そして、それらの調整を図っていく。保護 V S. 開発という価値紛争を、サービス間の調整問題へと変換すること。これにより第三の道が拓ける可能性が高まるのではないか（第6章3（3）のカムイルミナの例も参照されたい）。美波町の可変式保護区は、そうしたサービス間調整の実践例といえよう。

（2） 国立公園と可変式保護区

国立公園の中に設けられた特別保護地区。そこでの規制が厳格であることは、すでに紹介した。なぜそれほどまでに厳格なゾーニングを設けているのか。それは、最も原生的な＝ワイルドな自然には、数値では表せない崇高さが備わっているからだろう。ゆえに、「手を入れない手入れ」という選択がなされたものといえる。

しかしその一方で、そうした自然を利用することで得られるサービス（環境教育的効果などの文化的サービス）も大きいし、無視できないのではないか。そのように考えることも、複数の生態系サービス間のトレードオフ（第3章3（3））を頭に入れるならば、不合理とはいえない。

おそらくそのような考えの下に、2002年、利用調整地区という新たなゾーニングの仕組みが導入された。文字面だけを見ると、「利用」を「調整」するというのだから、利用させないということなのだろうか。例えば、市街化調整区域の「調整」にはそうした意味が込められている。しかし、この新たな仕組みの趣旨はそうではない。利用調整地区は「秩序ある利用によって自然の本来の良さを楽しんでもらう」ことをめざした仕組みである。

この仕組みにより、特別保護地区のような、普段は入ることのできない（＝手入れを排除している）空間も、利用調整地区となることで、条件付きで立ち入れるようになった。立入認定証の交付を受けた上で、事前のレクチャーを受講するという条件をクリアすればよいのである。２００６年に初めての利用調整地区が、吉野熊野国立公園内の大台ヶ原西側の区域に設けられた（西大台利用調整地区）。1日あたりの立入り人数を、通常期ならば、平日30人／土日祝日50人、夏休みや紅葉シーズンなどの利用集中期であれば、平日50人／土日祝日１００人に、かつ、1団体あたり最大10人に限っての利用を認めるというものである。利用調整地区は、時期によって立入り人数を調整するという内容の可変式保護区であるといえよう。そして、その「調整」には、複数の生態系サービスを調整するという意味もが持たされているといえる。

3　特定の手入れを歓迎する

複数の生態系サービスを調整しよう。そう言うのは簡単であるが、現実の調整作業は往々にして過酷なものとなる。繰り返しになるが、生態系サービスについては、一方を高めようとすれば、もう一方が失われてしまうことが多い（＝トレードオフが生じやすい）。ならば、思い切って、その時々のサービス需要について優先順位を設定し、「この区域にはこうした手入れを是非に！」としてしまうのも一案かもしれない。積極的誘導型のゾーニングとでもいえようか。

（1）その手入れを是非ここで

２０１５年、都市再生特別措置法という法律が改正されて、そのような仕組みがとり入れられた。人口が減り、低成長が続く時代には、人手も予算も増える見込みがない。自治体がその行政区域の隅々までサービスを届けるのは、今後、益々難しくなっていくだろう。だとしたら、市や町の中心部にもっと住んでもらってはどうか。そうすれば、まちがコンパクトになり、行政サービスも効率的に届けられる。いわゆるコンパクトシティの考え方に基づく、新たなゾーニングの導入であった。

「居住誘導区域」。そのような区域を設けて、郊外から中心市街地への住み替えを促す。ただし、掛け声だけでは人は動かない。そこで、改正法では、右の区域の内側にさらにもう一つの区域を設けた。それが「都市機能誘導区域」である。文字通り、さまざまな都市機能をまちの中心部に集約するものであり、便利さという面から、住み替えを促すものといえよう。

こうしたゾーニングの意味・意義は、コンパクトシティだけではなく、生態系サービスの観点からも説明できそうである。すなわち、どの生態系サービスを重視するかは、その時々の状況で異なろう。

人口が増え続け、都市が郊外へ向かって拡大する時代であれば、これまでのように、「市街化区域では開発の促進を。市街化調整区域では開発の抑制を」といった大雑把なゾーニングだけで何とかなったのかもしれない。しかし、日本人の個体数が減少する一方で、自然の勢いが強まってゆき、

自然が都市を侵食するように増えていく

といった事態が危ぶまれるようになった。[4]「居住誘導区域」や「都市機能誘導区域」という新たなゾーニングは、「妙に元気」な自然と向き合うための術ともなる。

(2) 求む。「よそ者」の「手入れ」

里地里山の保全がブームになって久しい。[5]里地里山とは、人の「手入れ」(例:下草刈り)によって維持されてきた、雑木林、水田、水路、ため池その他の農地などを指す。里地里山が「守るべき自然」となる理由。それは、そこに多くの生き物が暮らしているからである。2002年の調査では、日本の絶滅危惧種が集中する地域の約60%が里地里山にあることが分かり、人々を驚かせた。[6]

なぜそこに多くの生き物が暮らすようになるのか。それは、里地里山にいろいろな生態系が集まっているからである(写真7-1)。実は、その一生を、異なる生態系で生きている生き物は多い。トンボやカエルなど。それらは、幼生期には池や水田で暮らすが、成体になると草地や森林で暮らすようになる。里地里山は、比較的狭い空間に、森林や農地・水田、それに草地といった複数の生態系が寄

写真7－1　舞岡公園（横浜市）内の里山の風景
（写真提供：横浜市環境創造局南部公園緑地事務所）

せ集まっているので、そうした生き物たちにとって理想的な生息環境なのである。[7] また、そもそもどうしてそうした複数の生態系が寄せ集まっているかといえば、それは、日本の地形の複雑さや農業経営規模の小ささなどに因るところが大きいという。[8]

ところで、里地里山は、人の手が不断に入ることにより、その健全性が維持されてきた「二次的自然」である。だから、「手入れ」が途切れれば、上に見たような自然的特徴は失われてしまう。とはいっても、この国では、少子高齢化の進行は避けられない。里地里山への「手入れ」を確保するにはどうすればよいか。

この問題に対して考え出された一つの方策が「よそ者」による「手入れ」を受け入れることであった[9]（なお、「よそ者」とは、「手入れ」の対象となる里地里山の近くに居住していない者たちといった程度に緩やかに解しておくとよいだろう）。つまり、これまでは、里地里山の所有者が自分自身で「手入れ」を行ってきたが、少子高齢化等でそれを続けていくことが難しい。ならば、（都会で暮らす人々をメンバーとする）NPOなどの市民団体などによる「手入れ」を積極的に認めていこうというものである。ただし、どんな

「よそ者」でも自由に「手入れ」可能というわけにはいかない。そこで、まずは土地所有者と「よそ者」が協定を結び、その上でそれを県や市などが認定する。そのような仕組みが増えてきた。

そうした仕組みを初めてとり入れたのが、「千葉県里山の保全、整備及び活用の促進に関する条例」である（2003年制定）。これまでに、128件の協定が締結され、253ヘクタールの山林が対象となってきた（ただし、これらの数字は延べ数であり、現存数ではない）。これらは、「よそ者」の手が入った里地里山といえるだろう。

これと似たような仕組みを設けたのが神奈川県である。同県は、2007年に「神奈川県里地里山の保全、再生及び活用の促進に関する条例」を制定した。この条例は、土地所有者と「よそ者」とが協定を締結し、それを県が認定する（9条）という点では、千葉県条例と変わらない。しかし、協定を結ぶ前提として、「里地里山保全等地域」というゾーニングが設けられている。このゾーニングにはどういうねらいがあるのだろうか。

順を追って説明しよう。まず、この協定は神奈川県内のどこででも結べるわけではない。県内に「里地里山保全等地域」という区域が設けられて初めて、協定を結ぶ前提が整う。なぜそうした区域を設けるのか。そこには、

その区域内の里地里山へ「手を入れる」ならば、同じ区域内の「よそ者」に手を入れてほしい

といった思いがある（ように思う）。

この仕組みは面白い。というのは、このゾーニングが文化的サービスに基づいていると考えられるからである。条例の本文はもちろん、その解説書にも、文化的サービスという言葉は出てこない。しかし、解説書では、「地形的、歴史的、文化的な一体性」というフレーズが繰り返し使われている。[10]同じ神奈川県内であっても、里地里山ごとに育まれてきた景観はもちろん、「手入れ」のやり方や程度、それにそこに暮らす人々の気風などは同じではない。「金もマンパワーも科学的な知識もある」というだけの「よそ者」による「手入れ」が上手くいかないとすれば、その原因は地域の文化的サービスという要素を軽視してきたところにもあるのではないか。社会学者のジークムント・バウマンの言葉を借りれば、「見知らぬ者同士の出会いは、過去のない出会い」であり、そこには「共通のよりどころも、進展させる共通性もない」（傍点は筆者による）からである。[11]

もちろん、厳密にいえば、あらゆる他人は「よそ者」である。しかし、「よそ者」のうちでも、地権者と似たような文化的サービスを享受してきた「よそ者」が協定締結主体となるのならどうか（例えば、あるグループが協定締結主体になるのであれば、そのメンバーの少なくとも半数以上はそうした「よそ者」であるとするなど）。地権者も（少しは）安心して「手入れ」を任せられるに違いない（そうした「よそ者」ならば、厳しい状況に陥ったとしても、簡単には現場から「撤退」しないのではないか。まったくの「よそ者」の場合はそうした「撤退」のハードルが低い）。[12]

このように考えてくると、この「里地里山保全等地域」というゾーニングの意義は、文化的サービスという観点から最もよく理解できるだろう。すなわち、文化的サービスを、協治（さまざまな主体が協働して里地里山の管理を行うこと)[13]の潤滑油として用いてみせた。そこにこのゾーニングの妙があるといえる。

4 これからの保護区

前節までは、〈これまでの保護区〉をめぐってさまざまな〝動き〟があることを垣間見てきた。以下では、〈これからの保護区〉の姿を展望しよう。とり上げるのは二つ。一つはその導入が目前に迫っているもの。もう一つは、将来にそうしたものが設定されるかもしれないものである。

(1) 保護区の〝超〟量的拡大へ——OECMsという魔法

2021年のG7会合(フランス、アメリカ、イギリス、ドイツ、日本、イタリア、カナダの7か国で構成される政府間のフォーラム)。その会合で、各国が2030年までに少なくとも「世界の陸地の30%及び世界の海洋の30%」を保全・保護するという目標(「30 by 30」目標)に取り組むとの声明が発表された。[14]「国の状況やアプローチに応じて」という枕詞は付されているものの、壮大な目標値といえる。すでに述べたように、日本の陸地でみると、保護区となっている空間の割合は20%弱に過ぎない。「これまでの保護区」をこれから10%強も増やすのは至難の業であろう。筆者の体重は本書の執筆中に10%弱増加したが、これを元に戻すのは容易ではない。それと同じことである。

ところが、現状から一足飛びに「30 by 30」目標を達成する（ための魔法のような）手立てがある。そのような話を小耳に挟んだらどうだろう。だれでもそれを知りたくなるに違いない。その手立てがOECMsである。OECMsとは、Other Effective Area-based Conservation Measures の略称であり、逐語訳をすると「その他の効果的な地域をベースとする保全措置」となって、何を言っているのかよく分からない。そこで、この言葉の意味を調べてみると、生物多様性条約の第14回締約国会議（2018年）で、次のような定義がなされていることが分かった。それによれば、OECMsとは、

> 保護地域以外の地理的に画定された地域で、……生物多様性の域内保全にとって肯定的な……成果を継続的に達成する方法で……管理されているもの

をいうとされている。となると、既存の「保護地域以外」というのだから、すでに法律や条例で指定されている保護地域（国立公園など）は除外されることが分かるだろう。そうした地域以外で、「生物多様性」の「保全」という観点からの「管理」がなされ、その結果として、それなりの「成果」の上がっている場所。それがOECMsということになる。では、そのような場所としては、どのようなものがありそうだろうか。

そうした場所は、意外と多いかもしれない。まずは、企業やNPOなどの民間の取り組みにより保全が図られている空間が思い浮かぶ。例えば、社有林など。そうした空間にはきちんと「手入れ」がなされているという印象がある（写真7-2）。

次いで、保全を目的とせずに管理しているけれども結果として良好な自然環境が確保されている空間があるだろう。そのポテンシャルは大きい。なぜなら、水田や畑などがそうした空間だからである。

これらのほかには、動植物たちの〝隠れた生息地〟が注目されるかもしれない。墓地や道路・線路脇の植生など。[15] さらには、原発事故後の立ち入り禁止区域のような場所はどうだろう。そうした場所もやはり野生動物の宝庫として知られている。

これらの空間がOECMsとして認められるならば、〈これまでの保護区〉と同じではないとはいえ、「30 by 30」目標の達成も夢ではないだろう。なお、OECMsは、保護区の量を増やすだけではなく、その質を向上させることにも役立つかもしれない。既存の保護区については、次のような「ギャップ問題」が指摘されてきた。[16] 例えば、日本の国立公園や国定公園の多くは、森林面積が80%以上を占める場所が指定されている。その結果、哺乳類や爬虫類の絶滅危惧種では、分布域の30%以上がそれらの保護区でカバーされることになった。しかし、その一方で、鳥類や昆虫類、それに両生類は、農地や草原、それに

写真7-2　あるマンションが所有する小規模な里山
マンション居住者をメンバーとする管理サークルが「手入れ」を行っている。
（筆者撮影）

雑木林など（＝保護区の外側）で暮らしているので、現行の保護区では、その分布域の20％さえもカバーできない状態にあるという。生態学者の宮下直らは、かねてより、こうした「ギャップを埋めるには、絶滅危惧種が棲む里山的な環境をいかに実質的に保護地域として機能させていくかが課題となる」と主張していた[17]。

ＯＥＣＭｓは、まさにこうした課題への実質的な対応策となりそうである。

（２）保護区から人間排除区域へ

〈これまでの保護区〉は、人の「手入れ」を認めつつも、美しい景観や希少な生き物を守っていくために土地を囲い込む、というイメージが強かったように思う。しかし、第1章でふれたように、「自然」は一枚岩的な存在ではない。か弱いものもあれば、逆に妙に「元気」になって、勢力を拡大し続けているものもある（第1章2（4））。すると、「自然」保護区についても、人間を追い込んでいくような「新たな自然」の台頭を見据え、〈これまでの保護区〉のイメージを越えていく必要があるかもしれない。

デザイン理論家のブラットン（Benjamin Bratton）が、*WIRED* 誌によるインタビューの中で、人間排除区域（Human Exclusion Zone）について語っている[18]。人間排除区域は「新たな自然」向けのゾーニングの一つであり、それがすでに実現されているとみなせる場所もあるという。例えば、高度に自動化が進む工場など。そこでは、人間とロボットの居場所は厳格に分離されている：ロボットが人間に危害を加えるのを防ぎ、人間がロボットの動きを混乱させるのを防ぐ。その両方がそうしたゾーニングの存在目的となる。

このアイデアが、工場の外へ漏れ出していくかもしれない。2018年に、アメリカのアリゾナ州で、Uber の自律走行車が事故を起こし、歩行者を死亡させるという事故があった。ブラットンによれば、こうした事態を防ぐために、自律走行車のみが立ち入れる区域を設定する、つまり、人間排除区域という制度デザインが考えられたという。

翻って日本の状況について考えてみると、この国の現行法律が念頭においてきた「自然」は、シンプルな、かつ、大人しい自然であった。しかし、「自然」が荒ぶることが多くなり、人間社会の持続可能性が危ぶまれていくとすれば、どうだろう。ゾーニングのデザイン案として検討するべきは、

〈人間排除区域〉〈これまでの・これからの自然保護区〉〈人間保護区〉

といったような複数の区域とそれらの間の関係性ではないだろうか。ゾーニング関係論とでもいうべき新たなジャンルが立ち上がっていくのかもしれない。

5 「自然」保護区と生態系サービス

最後に、保護区なるものの根幹に立ち戻って考えてみたい。わたしたちは、この先も何かを囲い込

み続けていくのだろうか。だとすれば何を、いかなる理由で。そうした〝そもそも論〟とあらためて向き合う際にも、生態系サービスという考え方が役立つ。

（1）サービスの貯蔵庫として

保護区は、美しい風景や希少な動植物だけを囲い込んできたのではない。そうした風景や動植物とその他の無数の生き物、それに、それらを取り巻くモノたち（石や砂、それに化石など）から成る「生態系」（第6章2）を囲い込んできた。そして、そうした生態系からわたしたちが日々、さまざまなサービスを供給されていることは、第3章1（2）「四つのサービス」で説明した通りである。

すると、さまざまな保護区は「生態系サービスの貯蔵庫」とみなされてよいのではないか。そう考えれば、保護区内での違法行為（焚火や高山植物の盗掘など）を取り締まるという行政活動が、いかに大事かが分かるだろう。自分の家の冷蔵庫やパントリー（食品庫）が荒らされるのを、黙って見過ごす人はいない。そのようなことを許せば、日々の生活が立ちゆかなくなってしまう。それと同じである。

ただし、保護区をそのように位置づけてはどうかという議論は耳にしない。当然のことなので敢えて言葉にする必要はない、と考えられたのかもしれないし、「サービスの貯蔵庫」というと、自然をモノ扱いするようでよくないなどと思われたのだろうか。

その理由についてはさておき、これからは保護区を「生態系サービスの貯蔵庫」として正面から位置づけてはどうか。保護区は人間（の生活）から離れた存在なのではない。むしろ、それは人間（の生活）と密接に結びついた、いや、切り離せない存在である。そう考えることで、保護区とわたしたちとの距離感が縮まっていく。そして、それによりわたしたち一人ひとりの（保護区やそれを管理してくれる人々とその活動に対する）認識や行動が変わっていくはずである。

（2）サービス供給の時空間

上に述べたこと（保護区が生態系サービスの貯蔵庫であること）は「なぜ囲い込むのか」という問いへの答えの一つとなるだろう。ただし、答えとなりそうなのはそれだけではない。林政学者の古井戸宏通は、保安林などとして囲い込まれた

> 林地が林地であり続けることによって……森林所有者以外の不特定多数の国民の享受する便益が広範にわたる[19]

と述べ、そうした林地を「一種の無形資産」として捉えるというアイデアを示す。

こうした理解を共有することで、わたしたちは、保護区に蓄えられているサービスがその空間を越えて、遠方の人々へ行き届くイメージを抱けるだろう。例えば、横浜市は古くから、山梨県にある小さな村（道志村）の森林確保に関わってきた（図7-2）。なぜそのような政策を採用しているのかといえば、それは、道志村の森林が生態系サービスの貯蔵庫であり、そのサービス（清浄な水）が県や

図7－2　流域とサービス貯蔵のイメージ

市の境界を越えて、横浜市（の人々）へ届いているからである。

また、「生態系サービスの貯蔵庫としての保護区」には、時間を引き延ばすという意義もある。保護区が保護区で「あり続けること」で、そこに蓄えられた生態系サービスが供給され得る時間もが延びていく。保護区が保護区であり続けることで、わたしたちは今の暮らしを続けられる。将来世代に対する、現代世代の責任の一環として、生態系サービスを貯蔵しておくこと。単純ではあるが、見過ごせない、保護区の意義といえよう。第3章3（3）で引用した言葉をここで繰り返しておく。「大洪水よ、我が亡き後に来たれ！」ではいけない。[20]

（3）サービスの「質」を確保する

この国では、今後、人手も政府予算も増えていく見込みは低い。そうした中で、保護区については、「質」を確保していくという方向での政策展開がさらに重要になるだろう。この点については、生態学者の宮下直と西廣淳が重要な指摘をしているので、長くなるが、該当部分をここに引用したい。

保護区で生物をしっかり保全するという考えと、農地や里山景観など人の営みのなかで生物を保全していくという考えは、一見対立的に思えるかもしれないが、むしろ補完的と考えるべきである。前者は古くからあるゾーニングの発想であり、近年では土地スペアリング（land sparing）とよばれている。後者は同じ場所で人間の生業と生物の保全の同時実現を目指すもので、土地シェアリング（land sharing）とよばれている。土地シェアリングは、欧米の集約的な農業や熱帯林の収奪的利用の反省から、環境調和的な農林業の模索の一環として出されたアイディアである。日本人は古来より里山の営みのなかで、土地シェアリングを意図せず実践してきたといっても過言ではない[21]。

ＯＥＣＭｓは、土地シェアリングに基づく「緩い」保護区であるが、より一層「緩い」保護区を展開していく余地もあるかもしれない。例えば、その場所の「管理」の程度が従来の保護区と同じレベルではなくても、生態系サービスが貯蔵されている場所はあるのではないだろうか。また、ここからここまでというように、区域が明確に画定されていなくても、その地域ごとの理由を付すことで、そうした場所を保護区とみなすこともできなくはないはずである。

例えば、建物と建物の間の隙間（！）をイメージしてほしい。こうした建物隙間といわれる空間がどれくらいあるか。驚くべき数字となる。札幌市であれば、その面積は約１４００ヘクタール。東京ドーム３００個分に匹敵する広さである。それらの空間で、シダ植物の調査を行ったところ、札幌市全域に生息するシダ類のうちの約30％の種が見つかった。しかも、そのうちの80％以上が、本来は森林を生息地とする種であったという[22]。

建物隙間で生を謳歌するシダ植物たち。それらもまた、さまざまな生態系サービスを札幌市民へ供給してくれているはずである。例えば、そうしたサービスの貯蔵・供給という観点から、建物隙間を

「生態系」として捉え、思い切ってそれを保護区としてみてはどうだろう。荒唐無稽。やはり、その一言で片づけられてしまうだろうか。より「緩やかな」実「質」的保護区をデザインするに当たっては、自然科学的な知見の充実だけではなく、想像力のより一層の解放が求められそうである（第6章4（2））。

第8章　鷹の眼で考える——空間を越える手入れ

国立公園などの保護区は、日本の全陸地の20％にも及ぶ。がしかし、大小無数の開発行為によって動植物の生息地が破壊され、生物多様性は減り続けていく。なぜなのか。答えはシンプルである。

1　私有地という課題

日本の全陸地の80％が保護区の「外」にあること。それが答えである。今の日本は、北海道を除いた、すべての陸地が保護区の「外」にあるような状況といえよう（図8－1）。では、保護区の「外」だとなぜ生物多様性が減少してしまうのか。ここでは、次の2点を指摘しておきたい。

（1）開発自由の原則

一つ目は、保護区の「外」の土地がだれかによって所有されていることである。そうした私有地では、開発圧が高くならざるを得ない。例えば、Aさんがある土地を所有しているとしよう。その土地

図8－1　保護区の占める割合のイメージ

をどのように処分しようと、Ａさんの勝手である。「財産権は、これを侵してはならない」のが原則（憲法29条1項）なので、民法の206条も

> 所有者は、法令の制限内において、自由にその所有物の使用、収益及び処分をする権利を有する

と定めている。××をしてはならないなどと他の法律に書いてあれば（＝「法令の制限」）ともかく、そうした場合を除いて、Ａさんは自分の土地の開発を躊躇する必要はない。自分の土地なのだから「自由」に「処分」してよい。これが憲法や民法の基本姿勢である。

（2）共に投げ込まれた空間

ところが、Ａさんの土地の上で暮らすのはＡさんだけではない。想像以上に多くの生き物たちがそこに暮らしている。その土地は、Ａさんという人間とその他の多くの生き物たちが「共に投げ込まれている空間」でもある。[1] このことが、指摘しておくべきもう一つの点である。

わたしたちは、生き物たちが私有地よりも公有地に棲むものと思い込んではいないだろうか。もしそうだとすれば、それは、国立公園を始めとする保護区の多くが公有地（国や自治体の所有地）上に設けられているからかもしれない。しかし、前章で紹介したように、日本の絶滅危惧種が集中して棲む地域の約60％は里地里山にある[2]（第7章3（2））。そして、それらの里地里山は私有地であることが多い。なので、保護区の「外」にある私有地で乱開発が進むと、生物多様性の減少が止まらなくなってしまう。だからこそ、生物多様性の確保のためには、保護区ばかりではなく、その「外」側に広がる私有地での開発圧の高さを何とかせねばならない。そのような結論に至る。

ところで、そうした状況は日本だけに特有のものではない。同様の状況は他国でも見受けられ、どこも似たような課題に頭を悩ませている。

自分の土地をどのように処分しようがそれは所有者の自由だ
この自由を基本としつつ、（何とかして）生物多様性も確保できないか

二兎を追う。そのための方策として、生物多様性バンキングと呼ばれる制度が台頭し始めた。〃バンキング〃というのだから、銀行が絡んでいるのだろうか。それとも、〃バンク〃には、土手や堤防という意味もあるので、それと生物多様性が関係するような仕組みなのだろうか。実はどちらでもない。以下では、この「生物多様性バンキング」の中身とその制度発展経緯について概説していこう。カタカナ英語が多くなってしまうが、我慢していただきたい。

私有地の（ある程度の）自由な開発は認めつつも、その土地上の生物多様性も確保する。そうした二兎を追うための制度は、かなり以前（＝2000年代に入るより以前）から現実のものとなっていた。ミティゲーションと呼ばれるものである。

2　ミティゲーションとは何か

（1）環境影響を緩和する

木々を切り倒したり／海を埋め立てたり／川の流れをせき止めたり。他の生き物たちに迷惑をかけずに、そうした行為を行うことはできない。開発行為なるものには環境への悪影響が伴う。とはいえ、開発行為を一切しないわけにもいかない。わたしたちが生活していけなくなってしまうからである。だから、落としどころは次のようになるだろう。そうした悪影響をどこまで少なくするか。

開発行為に伴う、環境への悪影響を社会的に許容できるレベルにまで緩和すること。それを「ミティゲーション」という。mitigate（苦痛などを和らげる・軽減する）の名詞形であり、次に紹介する「環境アセスメント」という取り組みの中で発展してきた考え方である。では、環境アセスメントとは何か。どこかで聞いたことがあるような気がする（けれど、よく分からない）といった方が多いだろう。なので、少し迂遠にはなるが、まずは環境アセスメントとは何かについて、簡単にでも説明しておかねばならない。

(2) 環境アセスメントについて

環境アセスメントとは、「環境影響評価」の一般的な呼び名であり、「環境アセス」とか単に「アセス」などとさらに短い名称で呼ばれることもある。以下では、適宜、それらのうちのどれかを使うことにしよう。

写真8-1 石垣島沖合を悠々と泳ぐ巨大なマンタ(オニイトマキエイ) (筆者撮影)

環境アセスメントとは、開発行為に伴う、「環境」への「影響」を事前に「評価」する営みを指す。例えば、米軍普天間基地の移設をめぐって辺野古沖(沖縄県)の埋立てが大問題となっているが、それに付随して発生するのは、ジュゴンの生息環境への影響だけではない。サンゴや海草、その他の海洋生物への影響。海流への影響。海域の水温への影響。景観への影響。さまざまな影響が発生すると予想されている(写真8-1)。

これらがどのようなものかを、開発行為に着手する前に調べて、評価すること。それが環境アセスメントである。そして、その評価結果を1冊の本のようにまとめて、皆が手に取って読めるようにしたもの。これを環境影響評価書という（省略して「評価書」と呼ばれることも多い。例えば、「リニアのアセスの評価書が出たけど、もう読んだ？」といった具合である）。

それでは、何のためにアセスを行うのか。この点については諸説あるが、法律があればそれを参照するのが筋である。なので、ここでもそうすることにしよう。アセスについては、環境影響評価法という法律があり（1997年制定）、その最初の条文に右の問いへの答えが書かれている。のだけれども、その一文がとてつもなく長い。息継ぎ（！）が必要なほどである。そこで、ここでは、それを解体し、最も重要な部分だけを抜粋することにした。すると、そこには、

……環境影響評価［＝アセス］の結果を……その事業の内容に関する決定に反映させる

と書かれており（［　］内は筆者による。以下同）、そうすることで、

その事業に係る環境の保全について適正な配慮がなされることを確保［する］

とある。これなら、何を書いてあるのかが（少しは）分かるだろう。アセスは単に「評価しました」とか「評価書を作ってみました」ではいけない。その評価結果を用いて（＝環境影響評価書をきちんと読んで）、環境を守るための「適正な配慮」を行う。そこまでしなければならないのである。

（3） ミティゲーションとは、回避、低減、そして代償である

アセスによって明らかになった悪影響を緩和すること。それが、一般的にいわれるところの「ミティゲーション」である。そして、その具体的な措置としては、環境影響の「回避」や「低減」、それに「代償」の三つが挙げられることが多い（図8－2）。

回避や低減のイメージは沸きやすいだろう。当初の開発案のほかに、A案、B案、C案といった複数案（代替案）が用意されているケースを考えてもらいたい。そうした複数案では、立地を変更したり、事業規模を縮小したりすることで、環境影響の回避や低減が図られている。

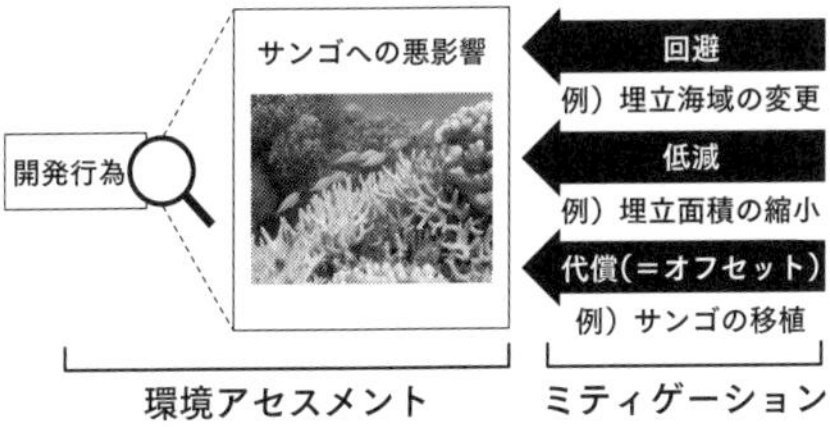

図8－2　アセスとミティゲーションのイメージ
なお、写真は石垣島に生息するサンゴ。（筆者撮影）

ただし、複数案が用意されているからといって、あらゆる環境影響が回避・低減されるわけではない。どうしても残ってしまう悪影響。それを何とかするために検討されるのが、代償措置（による影響の緩和）である。例えば、海域の埋立てのケースを考えてみよう。複数案を検討してみたが、どの案で事業を進めるにしてもサンゴへの悪影響は避けられない。なので、そこに群生していたサンゴを近くの海域へ移植する。そうした行為が代償措置の具体例であり、先述した辺野古沖でも実際に行われている。環境省が作成した「基本的事項」という文書によれば、代償措置とは、

当該事業の実施により損なわれる環境要素と同種の環境要素を創出すること等により損なわれる環境要素の……価値を代償するための措置

とされており（傍点は筆者による。以下同）、移植という代償措置によって「サンゴの棲む生態系」を新たに「創出する」ことは公認されているものといえよう（ただし、それが適法になされたかどうかは別問題である）[3]。

なお、これらの三つの措置のうちのどれを行うかについては、優先順位があることに注意しなければならない。まずは環境影響の「回避」を試みる。それができないのならば、環境影響の「低減」を試みる。それでも残ってしまう環境影響については、「代償（措置）」を検討する。回避➡低減➡代償。ミティゲーション・ヒエラルキー（ミティゲーションの階層）と呼ばれる、環境アセスメントの基本原則である。

3　オフセットで空間を越える――その場でやらなくてもいいのでは？

実はここまできてもまだ生物多様性バンキングの話は始められない。大変申し訳ないがもう少しだけ我慢していただきたい。

(1) オフセットとノーネットロス

図8-2に記したように、代償(措置)の別称が「オフセット(offset)」である。offsetの辞書的な意味は「相殺(そうさい)」であり、プラスとマイナスを「埋め合わせる」ことと解しておくと分かりやすい。世界の自然保護団体の集まりである、国際自然保護連合(IUCN)によれば、環境政策におけるオフセットとは、

> 開発行為に伴って生ずる、生物多様性への負の影響を代償するための保全措置であり、生物多様性のノーネットロスをめざすものである

とされている。ここで、見慣れないカタカナ英語が登場した。ノーネットロス(No Net Loss)とは何か。[4] オフセットが制度化される場合には、これが目標として掲げられることが少なくない。環境経済学者の大沼あゆみは、ノーネットロスとは、

> 被害[が]、完全にオフセットされる

ことをいうとしている。[5] シンプルでありながら的確な説明といえよう。オフセットを通じて、正の影響と負の影響が〝プラマイゼロ(プラスマイナスゼロ)〟になる状態。それがノーネットロスということになる。単なる開発規制では、規制基準をクリアすればそれで済むのに対し、オフセットでは、最低でもノーネットロスの達成をめざす。そこにオフセットという考え方・仕組みの特徴がある。

（2）空間を越える——湿地ミティゲーション

オフセット（＝代償）を初めて本格的な制度として導入したのは、アメリカ合衆国であった。同国では、湿地保全の一環として、湿地ミティゲーション（wetland mitigation）と呼ばれる制度を作り、そこにオフセットの考え方をとり入れたのである。[6] これにより、湿地を埋め立てた場合の代償措置となるように、アメリカ全土で人工湿地が続々と造成されるようになった。

なぜこうしたオフセットが導入されたのか。それは、当初の開発場所（on-site）から離れた場所（off-site）でのノーネットロスを行うためである。それまでの政策は、当初の開発場所での生物多様性を確保しようとするものであった。だから、その場での開発行為を規制したり、開発を許すにしても条件をつけたりしていたものである。しかし、その場での生物多様性保全にそこまでこだわる必要はあるだろうか。そこから離れた別な場所で同等の、あるいはそれ以上の生物多様性が確保されれば、全体としての生物多様性は減少しないのではないか。

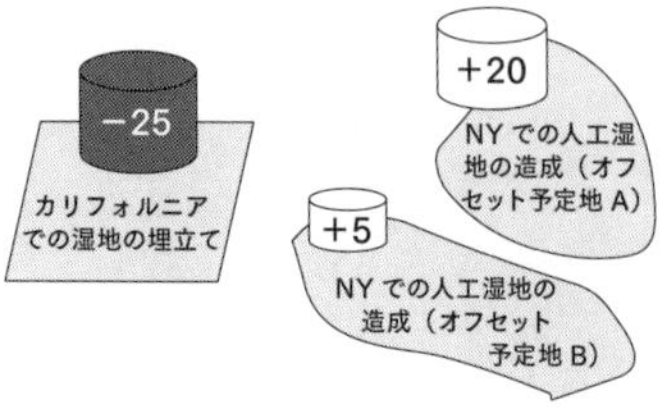

例えば、次の図を見てほしい（図8－3）。カリフォルニアのどこかで湿地の埋立てがなされて、そこで、25ポイントの生物多様性が失われたとしよう。ならば、どこか別な場所で代償（＝オフセット）すればよいのではないか。図では、ニューヨーク（NY）の2か所で人工湿地（オフセット予定地AとB）が造成され、合計25ポイントの生物多様性が

+20
NYでの人工湿地の造成（オフセット予定地A）
+5
NYでの人工湿地の造成（オフセット予定地B）
−25
カリフォルニアでの湿地の埋立て

図8－3　湿地ミティゲーションのイメージ

創出されたとしている。広い範囲で見れば＝鷹の目で見れば、アメリカ全体としての生物多様性が確保されている、といえそうである。

自然への「手入れ」は必ずしもその場でしなくてもよい。また、細々とやるよりもやれるところで一気にまとめて（＝大規模に）やってしまえ。このように考えることで、わたしたちの「手入れ」に関する施策は更なる発展を遂げた。次節ではその発展状況を追ってみよう。

4　資本を動かせ——オフセットからバンキングへ

随分とお待たせしてしまったが、ここからようやくバンキングの話に入りたい。自然の価値は物量や金銭で評価できる。こうした考え方は、生態系サービス評価という営み（第5章）が隆盛するよりもずっと前から、オフセット政策の一部に反映されていた。それが、バンキング（banking）と呼ばれる仕組みである。アメリカの「湿地バンキング」が先駆であった（その後、これを範として、世界各国でさまざまなバンキング制度が創設・運用されている）。以下では、本家たるアメリカの湿地バンキングをとり上げ、その中身を見ていくことにしよう。

（1）アメリカの湿地バンキング

20XX年。あなたは地方に広大な土地を所有しているが、そこには何やらぬかるんだ一画がある。

その場所を生物多様性が豊かな空間へと変えたいと考え、あなたは自然再生を請け負う専門業者に連絡をとった。すぐに作業が始まり、それから半年ほど経ったある日。業者による「手入れ」のおかげで、何やらぬかるんだ一画は、生物多様性が豊かな湿地へと変貌した。あなたは、近々、その湿地でソロ・キャンプを楽しむ予定である。自らの発案で「新たな湿地生態系」を創り出し、そこから生態系サービス（文化的サービス）を享受する。そんな日が近づいている。

これで一件落着というのであれば、これは、いわゆる自然再生と「生態系」のナラティブの一つとなるだろう（第6章3）。しかし、あなたが創り出した湿地が地域の生態系の回復に寄与したとして、その寄与分がクレジットという単位で評価され、1クレジットあたり100万円で売却できるとしたらどうか。仮に500クレジットを創出したものと認められて、それをすべて売却できれば、一気に5億円（！）を手に入れられることになる。

皆さんはこれを夢物語と思われただろうか。すでに、こうしたクレジット換算や取り引きが盛んに行われている国がある。アメリカ合衆国。同国の湿地バンキング（Wetland Mitigation Banking）は、すでに30年以上の制度運用経験があり、その基本的な仕組みは、次のようである。

だれかの土地の上で湿地を再生ないしは創出する　↓　その湿地で生物多様性の維持・改善を行う　↓　この維持改善分をクレジット（credit）として換算し、政府や自治体に認めてもらう　↓　別な場所で開発を行おうとする者はこのクレジットを購入することで、その開発で失われる生物多様性をオフセッ

ト（代償）したものとみなされる　↓　全体としてのノーネットロスが実現される

なお、湿地の再生・創出は、バンカー（banker）と呼ばれる専門業者によって大規模に行われることが多い。

実際の取引事例を紹介しておこう。カリフォルニア州オレンジ郡で実施された湿地再生事業とそれによって生じたクレジットの売買事例である。この再生事業では、バンカーが、合計24・9エーカーの湿地を再生し、そのうちの6・25エーカー分に対して、クレジットが認められていた。このうち2・4エーカー分のクレジットが、州交通局（CALTRANS）によって、残りの3・85エーカー分のクレジットが、オレンジ郡洪水調節区（OCFCD）によって購入されたものである。クレジット購入によって、CALTRANSは、高速道路の拡幅工事による湿地への影響を、OCFCDは、洪水調節水路の付け替え工事による湿地への影響を、それぞれ代償（＝オフセット）したものとみなされた。そして、バンカーは、更なる自然再生事業の資金を調達することができたのである。なお、OCFCDは、購入した3・85エーカー分のクレジットのうち、2・65エーカー分のクレジットは使わずに留保したという。将来、クレジット価格が上昇したら、それを高値で売却する。そのように考えての選択であった（図8－4）。

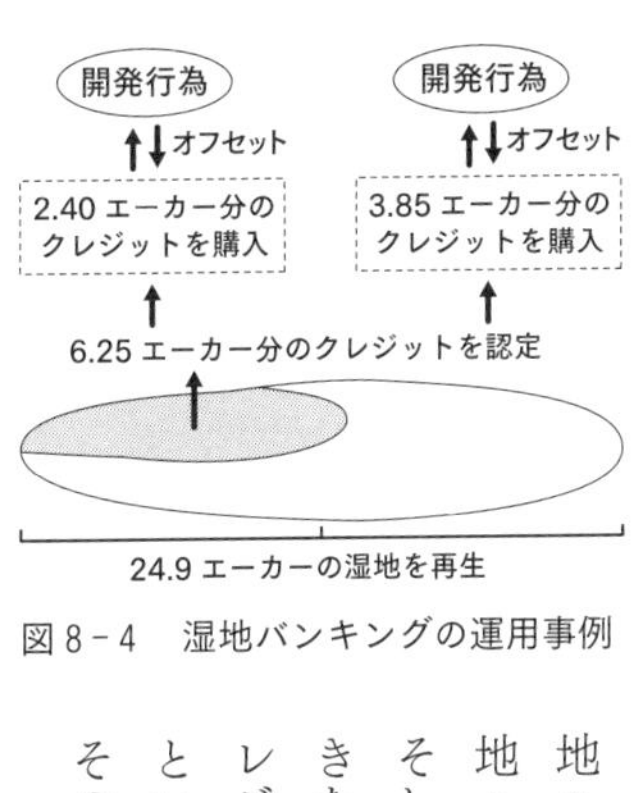

図8－4　湿地バンキングの運用事例

(2) 湿地バンキングの現状と課題[7]

湿地バンキングの取引高は、全米で少なくとも年間30億ドル(4000億円程度)に上り、造成される人工湿地の数も増加の一途を辿っている。この右肩上がりの背景には、時間という要素がある。例えば、苗木を育てて木材として市場へ供給するまでの時間を考えてほしい。どう考えても数年では無理だろう。数十年ないしは百年単位の時間が必要となる。これに対して、人工湿地ならどうか。その造成に数年もかかることはないだろうし、ひょっとしたら数か月の工事で済んでしまうかもしれない。つまり、湿地バンキングは「手早く」儲かる自然再生事業なのである。

その一方で、この仕組みには問題も少なくない。生物多様性の定量的・金銭的評価にしても、湿地の再生・創出にしても、技術的な意味では、確実とも完全ともいえないのが実状である。とくに、人工的に創り出された湿地の生態系機能がどの程度、永続的なものであるかについては疑問符がつく。湿地バンキングは、科学技術的な意味での不確実さ・不完全さには目を瞑りながら、チャレンジを行う見切り発車的な取り組みとも評し得るかもしれない(次節で詳しく述べる)。

5 バンキングの展望と課題——日本での制度の導入に当たって

従来の「手入れ」は自然を守ろうとするその場所で行うのが常であった。保護区による囲い込み(第7章1)は、その典型例である。しかし、別な場所で、同じか、それ以上の自然が確保されるのであればどうか。それを是とするのが、オフセット（＝代償）という仕組みである。

これにより、〝二兎を追う〟道が開けた。一方で開発を進めながら、他方で生物多様性を確保する。空間を越えることで、〝二兎を追える〟ようになったものといえよう。そして、オフセットの発展形として、バンキングという制度があり、アメリカを中心に関連市場の拡大が続いている。この制度は他国へも波及し、後発諸国において、その中身がより洗練されるようになった。例えば、ニュー・サウス・ウェールズ州（オーストラリア）のバイオバンキング（Bio-banking）[8]や（その後継である）生物多様性オフセットなどであり、世界的な趨勢としては、バンキングは拡大の一途を辿っている。[9]

だが、すべての物事には光があれば影もある。オフセットやバンキングについてはどうだろう。以下では、二つの問題をとり上げ、それぞれについてもう少しだけ情報を加えておきたい。というのも、今後、日本がバンキング的な制度の導入という「手入れ」を行おうとするのであれば、それらが中心的な論点になりそうだからである。

（1）　実質的同等性と制度の「しなやかさ」

オフセットという仕組みは、別な場所で確保された生物多様性が、元の開発地の生物多様性と同等であるという（かなり強引な）前提があって初めて成り立つ。ただし、人間の手で、元の開発地と全く同じ自然を創出するのは無理なので、「実質的」に同等であればよい、と考えられるようになった。これを実質的同等性原則という。

それでは、この原則で「同等」となることを求められているのは何か。人工湿地を造成して、オフセットやバンキングを行う場合を考えてみよう。埋め立てられる前の湿地と「同等」でなければならないものは、次のうちのどれか。

渡り鳥などの生息地として使われること

家庭や工場から流れ出る汚水を浄化してくれること

環境教育のフィールドとなること

いや、ひょっとすると、ゴミ捨て場として利用できること（！）かもしれないし、あるいは、不動産としての市場価値があることかもしれない。この「何」をどう設定するかによって、「何」をどれだけ・どのようにオフセット（＝代償）すればよいのかは全く変わってこよう。

そこから「代償（措置）のフレキシビリティ（しなやかさ）」という論点ないしは政策課題が浮かび上がってくる。例えば、最もフレキシブルな（しなやかな）代償措置は、お金を支払う、というものかもしれない。では、それにより「実質的同等性」が確保されたとしてもよいだろうか。実は、このテーマは、筆者の研究室で博士号を取得した、舛田陽介の学位論文（２０１７年）で正面から扱われており、ここでの記述も同論文に負う。[10] 早期の公刊が待たれる重要な業績といえよう。

（2） 永続性と法的リスク

このテーマについては、二つの問題状況がある。自然科学的なものから紹介しよう。時間の経過とともに、人工湿地の生態的な機能が劣化していくことが問題視されている。ある先行研究では、そうしたオフセットの成功率が50％を下回っていることが指摘された。[11] 人間ならば、いつまでも若い時のままの自分でいられるわけではないことについて、ある程度は諦めもつく（つかない？）。しかし、オフセットのために造成された湿地についてはどうなのだろう。それはいつまで持続すればよしとされるのか。

他方で、この問題には法的な側面もある。[12] 造成された人工湿地の生態的な機能が衰えていった場合、その法的な責任はだれが負うのだろうか。アメリカでは、政府機関が専門の事業者に対して、人工湿地の造成を依頼する場合が多いという。ところが、造成された湿地が予定通りに上手く機能するとは限らない。クレジットの獲得を当て込んだ自治体側としては、とんだ見込み違いとなってしまう。そうした場合には、事業者の債務不履行責任を問う訴訟が提起されてきた。例えば、２００６年にケンタッキー州で提起された訴訟については6万ドル（約７８０万円）、２０１０年のフロリダ州の事例では40万ドル（約５２００万円）というかなり高額の和解金が支払われる結果となっている。[13] オフセットやバンキングについては、こうした法的なリスクも付随することを念頭におきながら、その制度化のあり方に係る検討がなされるべきだろう。

第9章　大学通りという「生態系」──その法とエコロジー

窓から外を眺めてみよう。あなたが目にしているのは眺望だろうか。それとも風景だろうか。あるいは景観といわれるものかもしれない。それらの異同についてはさておき、2006年、日本の最高裁判所が面白い判決を下した。眺めの先にある街並みなどに手を入れると「景観利益」なるものが生まれてくる。そして、それが害された時にはその損害への償いを（裁判で）求められる、というのである。景観のようなボヤっとしたものが害されるとはどういうことなのか。そう思われた方も少なくないだろう。しかし生態系サービスや手入れという考え方を使えば、最高裁の考え方を「なるほど！」と思えるようになるかもしれない。

1　風景・景観・眺望

風景・景観・眺望。これらはどれも同じような気もするし、それぞれ異なるものだといわれればそのような気もしてくる。そこで、以下ではまず、三つの言葉の辞書的な意味を確認しておきたい。

(1) 辞書の中の風景・景観・眺望

例えば、『デジタル大辞泉』で三つの言葉を引いてみると、

風景 → ①目に映る広い範囲のながめ。景色。風光。②ある場面の情景・ありさま。

景観 → ①風景。景色。特に、すばらしいながめ。②人間が視覚的に認識する風景。もとは地理学・植物学の用語(〈ドイツ〉Landschaft、〈英〉landscape の訳語)。

眺望 → 遠くを見わたすこと。また、見わたしたながめ。見晴らし。

と説明されている(傍点は筆者による。以下同)。これらの説明から、次のことに気がつくだろう。

一つ目は、風景や景観、それに眺望がいずれも何らかの「ながめ(眺め)」を意味していることである。だからこそ冒頭の質問が生まれてくる。あなたが目にしている、その眺めは何なのか。

二点目は、風景と景観・眺望との関係でわたしたち人間がどこにいるか、である。この点について、風景の場合は「目に映る」と説明されている。こちらから積極的につかみにいくというよりは、風景がわたしたちの〝目に向かって飛び込んでくる〟。そんな印象を受けるのではないだろうか。

これに対して、景観や眺望との関係では、わたしたちはより能動的なポジションにあるだろう。景観は、わたしたちが「視覚的に認識する」ものであるし、眺望は、わたしたちが「見わたす」のだから、より主体的に〝眺めをつかまえようとしている〟感がある。もっといえば、とくに眺望の場合に

は、その眺めよりもそれを「見わたす」人間が主であるようなイメージである。少し先走ってしまうが、日本の裁判所は、眺望だけを「権利」に近いものとして扱ってきた。その背景には、眺めとの関係での人間の立ち位置の違いがあったのではないかと思う（図9－1）。

風景　景観　眺望
受動的　能動的

図9－1　風景・眺望・景観と人間の立ち位置のイメージ

最後は、社会的な価値が付与されているかどうか、である。景観にだけ「すばらしい」という形容がなされている点に注目したい（なお、広辞苑でも景観にのみ「美しい」という形容がなされている）。すばらしい風景／すばらしい眺望という言い方もできるように思うが、なぜ『デジタル大辞泉』では、景観の説明にだけ「すばらしいながめ」という表現を使ったのか。多くの景観が、わたしたち人間による「手入れ」の産物であることがその理由かもしれない。

またもや先走ってしまうが、最高裁が景観利益なるものを認めた背景には、問題となった景観を良好に保とうとする地域の人々の思いと長年にわたる、さまざまな「手入れ」があった。すると、上の「すばらしいながめ」という表現には、そうした人間の作為性。そのようなものが込められているのかもしれない。

（2）裁判所での扱い——眺望だけが優遇されてきた

ところで、良好な風景・景観・眺望には何らかの〝価値〟があるとしても、それらは〝権利〟とし

ても認められるものだろうか。いきなり権利といわれても戸惑うかもしれないが、ここでは、憲法学者の木村草太の言葉を借りて、

権利を持っているとは、誰かに何かを請求できるということ

としておこう。[1] だれかにスマホを奪い取られたら、それを返すよう求められるのはなぜか。それは、あなたがスマホの所有権を持っているからである。あなたのプライベートな写真がＳＮＳなどを通じて無断で拡散された時はどうか。あなたは、その画像を削除するよう相手方に求められる。なぜか。あなたには肖像権が認められているからである。このように、権利なるものには、だれかに何かを求められる、という〝とても強いパワー〟が伴う。

では、その風景や景観、ないしは眺望を楽しんでいた裏山が突然に開発されて、辺り一面にソーラーパネルが広がることになったらどうだろう。あなたは、風景権や景観権、それに眺望権といった権利をタテにして、そのソーラーパネルを撤去するよう求められるだろうか。残念ながら、それは無理である。そうした権利は憲法には書き込まれていないし、日本の裁判所がそうした権利を認めたこともない。

しかし、権利を持っていないとだれにも何も請求できないのかといえば、そんなことはない。もう少しで権利となりそうな利益の場合、裁判所は、それに基づいてだれかに何かを請求することを認めてきた。聞き慣れない言葉であるが、そうした利益を「法律上保護される利益」という。この利益は、

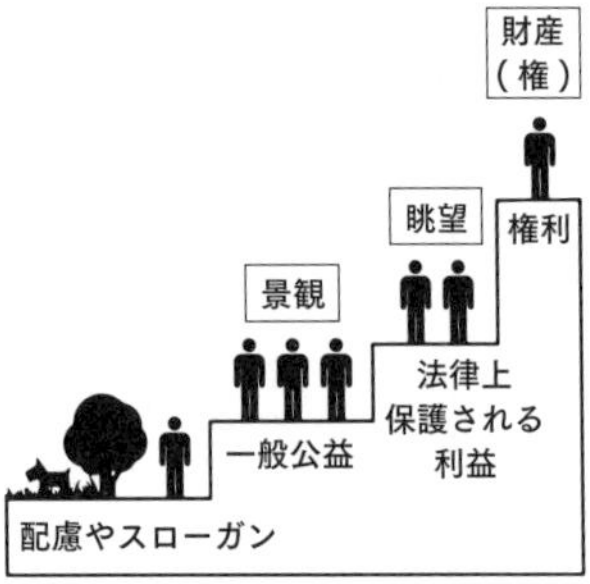

「権利と認知されるまでの過程における利益」と覚えておくとよいだろう。[2]

次のような図を作ってみたので各自でイメージしていただきたい（図9－2）。例えば、氏名を間違って呼ばれたら気分は良くないかもしれないが、それを正しく呼ばれる権利があるとまではいえないだろう。憲法の条文中にも、「氏名を正確に呼称される権利」は見当たらない。しかし、最高裁は、「氏名を正確に呼称される利益」は「法律上保護される利益」であると判じている。[3]

図9－2　権利の階段のイメージ

風景や景観、それに眺望についてはどうか。裁判所は、眺望が「法律上保護される利益」であることを認めてきた。例えば、昭和40年代に起きた古い事件（横須賀野比海岸事件）において、横浜地裁は、

> 眼下に半農半漁のひなびた家並と松林、中間に浦賀水道の潮の流れとそこをいきかう様々な船舶、遥か東に房総半島の山々、西に三浦海岸から剣崎に至る丘陵をパノラマ式に見渡すことができる

ような眺め（つまり、眺望）が「法律上保護される利益」であるとしている。[4]

すると、次のようには考えられないだろうか。眺望が「法律上保護される利益」だったら、「景観」だってそうじゃないか、と。しかし、裁判所は、景観が「法律上保護される利益」であるとは認めて

こなかった。眺望は、わたしたち一人ひとりが持つ「法律上保護される利益」であるが、景観は、社会全体に薄く広がって存在する利益にすぎない。それが主な理由である。

ちなみに、法学では、そうした、だれもがうっすらと持つような利益のことを「一般公益」という(図9-2)。眺望は、個々人に属する排他的な利益の一種であり、だからこそ、例えば、マンションや旅館では「眺望が良い部屋」に高い値段がつく。その一方で、景観については、同じようなことは観察できないから、それは「一般公益」でしかない。裁判所はそう考えてきたのである。

(3) 小括――日本法の平面で

このように、風景・景観・眺望のうち、裁判所が「法律上保護される利益」として認めてきたのは「眺望」のみであった。「景観」は「一般公益」にすぎないから、それと同じようには扱えない。「風景」についてはなおさらである。それが裁判所の基本姿勢であったようにみえる。こうした状況が長きにわたって続いたからこそ、本章3で紹介する最高裁判決のインパクトは大きかった。大げさに聞こえるかもしれないが、本当に、ちょっとした騒ぎになったのである。

2 景観の時代の幕開け――景観法の登場

ここからは「景観」に的を絞って話を進めよう。この国において、景観を守るための法的な仕組みがなかったわけではない。とくに、雄大な自然景観については、自然公園法という法律があり、それに基づいて、国立公園や国定公園が指定され、そうした景観の保護に役立ってきた。また、身近な景観、とくに都市景観についても、例えば、都市計画法に設けられた、次のような仕組みが、景観という言葉こそ使っていないものの、それを守るのに役立ってきた。美観地区や風致地区、それに伝統的建造物群保存地区などである。古都保存法なども同様であり、やはり景観という言葉は見当たらないが、それらの法律が適用されることで、特定の景観が守られてきた。

しかし、どの法律も「景観」そのものの価値を正面から認めていたわけではない。そのため、日本では長い間、「良好な景観の確保が、この国にとって重要な価値である」かどうかは不明だったのである（ただし、条例による景観保全は各地で進んでいた）。そんなモヤモヤした状況に終止符を打ったのが、2004年の景観法であった。

景観法は、「景観」そのものの整備や保全を目的とする、わが国で初めての総合的な法律として誕生した。その目的は、「良好な景観」の形成を促進し、「美しく風格のある国土の形成」と「潤いのある豊かな生活環境の創造及び個性的で活力ある地域社会の実現」を図ることである。そして、その実現のために、景観に関する国民共通の基本理念や、国や自治体などの責務を定めるとともに、行為規制や支援の仕組みなどが定められた。

この法律は、「〇〇の高さは〇〇メートル以内とする」といったような全国一律的な規制を行おうとするものではない。やる気のある自治体が、計画を作ったり、保護区を指定したりするなどして、

「良好な景観」の形成に必要な手入れをできるようにしたものである。例えば、景観計画や景観地区といった仕組みが導入されたことで、色や音などの感性をルール化できるようになった。[6]

「景観」はこの国にとって重要な価値である。景観法の制定により、そのことがだれの目にも明らかになった。少なくとも、人々の意識が変化し、さまざまな場面での行動変容が進んだことは確かであろう。そして、この法律の制定は、次にとり上げる歴史的な最高裁判決の呼び水となった。

3　国立マンション事件最高裁判決――「景観利益」とは何か

本章1で見たように、日本の裁判所は、眺望であればともかく、景観は「法律上保護される利益」ではないし、もちろん権利として認められるようなものでもない、とする姿勢を崩さなかった。ところが、である。最高裁判所は、2006年になって、「良好な景観の恵沢を享受する利益（＝景観利益）」が「法律上保護される利益」であることを認め、世間を驚かせた。いわゆる国立マンション事件最高裁判決である。[7] 以下では、生態系サービスや手入れという考え方を援用しながら、この判決の意味や意義を紐といてみることにしたい。

（1）どのような事件だったのか

ＪＲ国立駅で下車し、南口前に降り立つ。同駅を起点として、手入れの行き届いた、並木道が南へ

写真９－１　秋の大学通り
（写真提供：国立市政策経営部市長室広報・広聴係）

伸びていることに気がつくだろう（歩道を含めた幅員は44メートル、並木の高さは20メートル程度）。

周囲には、高層建築物が見当たらないので、空が広く感じられるかもしれない。この並木道は地域のシンボル的な存在であり、「大学通り」と呼ばれてきた（写真９－１）。５分ほど歩くと、一橋大学のキャンパスへ至る。

住民たちは、草花や街路樹への手入れや街路の清掃等はもちろん、高層の建物（増改築を含む）はできるだけ作らないなどして、「大学通り」の景観維持に努めてきたという。ところが、この並木道の南端で、高層マンション建設計画が持ち上がった[8]。これに対して、大学通り近隣に居住し、通学し、または大学通りの景観に関心を持つ住民らが、マンションの販売会社等を相手取り、いくつもの訴訟を提起したものである。そして、そのうちの一つの民事訴訟において、住民らは、このマンションの建築によって、景観権ないし景観利益が違法に侵害されているなどと主張し、マンションの高さ20メートルを超える部分を撤去すること等を求めた。

（2） 最高裁が言ったこと

最高裁は住民らの請求を認めなかった。つまり、請求を棄却した。また、景観権についてもそれを認めていない。しかし、次のようにして、景観利益が「法律上保護される利益」であることを認めたのである。以下、重要な部分を、判決文からそのまま引用しよう。

① 「都市の景観は、良好な風景として、人々の歴史的又は文化的環境を形作り、豊かな生活環境を構成する場合には、客観的価値を有する」

② 「良好な景観に近接する地域内に居住し、その恵沢を日常的に享受している者は、良好な景観が有する客観的な価値の侵害に対して密接な利害関係を有するものというべきであり、これらの者が有する良好な景観の恵沢を享受する利益（以下「景観利益」という）は、法律上保護に値する」

一読しての印象はどうだっただろうか。難しい漢字は使われていないのだけど、何だかよく分からない。そういった感想を持たれた方が多いように思う。堅苦しい表現が続くからだろうか。それとも、一文が妙に長い（！）からか。あるいは、その両方かもしれない。その理由についてはさておき、ここからは、「生態系サービス」や「手入れ」という考え方を用いて、これら①②を解きほぐしていこう。

（3） 最高裁判決を解きほぐす

本章1を思い出してほしい。眺望と違って、なぜ景観は「法律上保護される利益」として認められてこなかったのか。理由は次の二つ。一つ目は、景観がボヤっとしていることである。つまり、眺望と違って、それはボヤっとしたものであり、捉えどころがない。"単なる眺め"との区別が（眺望のようにハッキリと）つかないのである。そのようなものが侵害されたといわれても、裁判所は困ってしまうだろう。

もう一つは、景観という利益がうっすらとしていることである。以下、図9－1を思い出しながら読んでもらいたい。眺望とは、ある特定の地点から、人が眺めをつかまえにいく際の眺めの良さを意味している。なので、それが一人ひとりの個人に属する利益であるという理屈も立てやすい。だからこそ、マンションや旅館では「眺望が良い部屋」に高い値段がついてきた。これに対して、景観は、積極的につかまえにいくというよりも、広い空間が視野に入ってくるといった類のものだろう。そのような眺めが特定のだれかに属しているという主張はどうか。なかなか認められにくいに違いない。むしろ、景観は、社会全体に薄く広がって存在する（つまり、だれもがうっすらと持つ）利益、すなわち、一般公益である（図9－2）。そう説く方が無理のない説明のように思われる。

これら二つのハードル（障害）をいかにして乗り越えるか。最高裁が、そのやり方を示してみせたのが、前記の①②であった。こうした背景事情を頭に入れた上で、もう一度、①②がそれぞれどのようなことを言っているのかを見ていこう（『 』は筆者による。以下同）。

①「都市の景観は、『良好な風景として、人々の歴史的又は文化的環境を形作り、豊かな生活環境を構成する場合』には、客観的価値を有する」

都市の景観は、そのままの姿であれば、ボヤっとしたものでしかない。この点は、最高裁も否定しないだろう。しかし、一定の場合には、それがボヤっとしたものではなくなる。そう述べたのが、この①である。『　』の部分に注目しよう。そのような場合には、もはや景観はボヤっとした（＝抽象的な）ものであることを止めて、「客観的価値」を有するようになるというのである。

それでは、『　』で最も重要な箇所はどこか。「良好な風景」や「豊かな生活」はもっともらしく聞こえるフレーズだけれども、それらが何を意味するのかは人によって（時に大きく）異なるので、客観的なモノサシとはなりにくい。となると、「客観的価値」を生み出すのは、実は一つしかないことに気がつくだろう。「歴史的又は文化的環境を形作り」という部分である。

このように考えてくると、①は、次のように言っているのではないか。すなわち、本来ボヤっとしたものでしかない景観を、客観的な価値が備わったものとするには「手入れ」が必要なのだ、と。なぜそのように解せるのかといえば、「歴史的又は文化的環境」は、人々が何らかの手入れを行ってきた結果として「形作」られるものだからである。国立市の大学通りであれば、街路樹やプランターに植えられた草花などへの手入れ、ゴミ拾いという手入れ、高層の建物は作らないという不作為の手入れ。そうした手入れが長きにわたって続いた結果として、大学通りという景観が客観的価値を有する

図9－3　手入れによって景観が客観的価値を有するようになるプロセス

ようになった（図9-3）。①は、そのように（裁判所が）認定するための論法を示した箇所といえる。

次いで、②を解きほぐしていく。

②「良好な景観に近接する地域内に『居住し、その恵沢を日常的に享受している者』は、良好な景観が有する客観的な価値の侵害に対して密接な利害関係を有するものというべきであり、これらの者が有する良好な景観の恵沢を享受する利益（以下「景観利益」という）は、法律上保護に値する」

最初に、「良好な景観」の意味を確認しておきたい。これは、「手入れ」によって生み出された「客観的価値」（①を参照）を備えた景観のことをいう。②の中で、「良好な景観が有する客観的な価値」と述べられているからである。

その上で注目すべきは、この「良好な景観」の近くに「居住」する人々が、そうした景観から「恵沢を日常的に享受している」とされた点である。この「恵沢」は「生態系サービス」を言い換えたものと考えられよう。このことは、次の図のようにして、矢印を使うと具体的なイメージとして捉えられるはずである（図9-4）。

すると、景観が常に、社会全体に薄く広がって存在する（＝だれもがうっすらと持つ）利益（一般公益）であるとは言い切れない。「良好な景観」から生み出されるサービスを「享受」することは、少

良好な景観
（客観的価値あり）
恵沢
（生態系サービス）
個人にとって
の利益の享受

図9－4　判旨②の趣旨のイメージ

なくとも、その近くに「居住」する人々にとっては、個人に属する利益（私益）であるといえる。そう述べたのが、この②であるだろう。[9]

以上、最高裁が言ったことを「解きほぐして」みたが、それにより、最高裁の真意を100％捉えきれたわけではないかもしれない。しかし、①②が何を言おうとしているのかは、少しだけ分かりやすくなったのではないだろうか。

もう一度整理しておくと、①は、都市の景観が客観的価値を有するようになる（＝ボヤっとした眺めではなくなる）ための「手入れ」要件を示した部分と理解できる。そして、②では、そうした客観的な価値を備えた、良好な景観から「生態系サービス」が生み出され、それを享受する利益が、一人ひとりの個人にとっての利益となる場合もある（＝うっすらとした利益ではない）ことが認められた。

つまり、都市生活を営む上で、景観利益は、単なるサービスであることを越えて、それが損なわれた時には他人に対して損害賠償（やひょっとすると差止め）を求められる法的な利益となる場合もある。そのことを最高裁が認めたものといえよう。

生態系サービスから景観利益という法的利益への「変異」。これはありそうでなかったものであり、こうした観点からも、国立マンション事件最高裁判決は画期的であったと考えたい。あるいは、東の国で生じた突然変異とでもいうべきか。

4　おわりに

国立マンション事件最判は、日本の裁判史上の一つの画期であった。その概要や法政策上の意義については、前節で見た通りである。[10] 最後に、「手入れ」や「生態系」成立試論の観点からもう少しだけ指摘しておきたい点があるので、それらを記して本章を閉じよう。

(1)　もう一歩先へ。「手入れ」の足跡を残す

実は、「もう一歩その先へ」と最高裁はわたしたちを促していた。景観利益が立ち上がってきた経緯や内容を法的なルール（条例等）にすることである。最高裁は、判決文の中で、次のようにも述べていた。

> 景観利益の保護とこれに伴う財産権等の規制は，第一次的には，民主的手続により定められた行政法規や当該地域の条例等によってなされることが予定されている

この部分は、景観利益が「法律上保護される利益」となるからといって、その侵害が直ちに違法になるわけではない、という冷めた考え方の裏返しだろうか。そうかもしれないが、「地域の条例等」を作っておいてもらえれば何とかすることもできる、と述べているようにも見える。

条例は、地域ごとに定められる「法」であり、その効力は、国の法律と比べても遜色はない。[11] 15メートル以上の高さの建物を建ててはいけない（鎌倉市（神奈川県））とか、歩きスマホをしてはいけない（大和市（神奈川県））とか、野生動物を地域の共有資産にしてしまう（美波町（徳島県））とか、地域独自のいろいろな決まりごとを作ることができる。同じようにして、眺めに「手入れ」を施すことになった根拠を、後から追跡できるような形（＝条例等という形）で残しておいてほしい。そうすれば、裁判所はそうした条例等の趣旨を汲み取り、それに沿った内容の法的判断を下せるかもしれない。それが最高裁の言いたかったことではないだろうか。

(2)「大学通りという生態系」。そして、生態系サービスと景観利益をつなぐ

眺めの先にあるのは何なのか。風景・景観・眺望といったものを答えとして挙げるのが常識だろう。しかし、「手入れ」や「生態系サービス」をキーワードとして、国立マンション事件最判を解きほぐしてきた今、筆者の頭には〝もう一つの答え〟が浮かんでいる。眺めの先にあるのは、「生態系」ではないか。

国立マンション事件最判で認められた景観利益は、何から生み出されたのだろう。それは、「大学通りという生態系」から生み出されたのではないか。住民たちはこの並木道へ長年にわたりさまざまな「手入れ」を行ってきた。そのようにして「創り出された」生態系。それが「大学通りという生態系」である（第6章3）。そして、そこから景観利益が生み出されるに至った。これは、利益である

ともいえるが、「大学通りという生態系」が地域住民にもたらしたサービスであるともいえよう。ここに、生態系サービスと景観利益とが相似形となる構図を描くことができる（図9－5）。

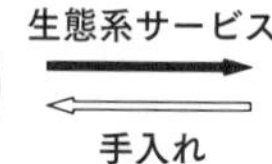

図9－5　生態系サービスと景観利益の接続

国立マンション事件最判において、「大学通りという生態系」から生み出されていた生態系サービスは、景観利益という法的利益（＝「だれかに何かを請求できる」法的利益）へと「変異」したとは考えられないだろうか。あるいは、生態系サービスという自然科学的ないしは経済学的な営みを、景観という概念を用いて、「多数の語り（ナラティブ）」（第5章5（4））へと書き換えてみせたのが、この最高裁判決であったともいえそうである。

景観利益と生態系サービス。ひょっとすると、この二つは亜種のような関係にあるのかもしれない。となると、これは新種の発見ということになるのだろうか。どちらがどちらの新種であるのかはさておき、ここではそれらの近縁性を指摘するにとどめよう。他国での制度状況なども調査しながら、より深く考えてみたいテーマである。

自然への〝入り込みの深さ〟

国立マンション事件最判へは、次のような問いが投げかけられていた。①そこで認められた景観利益は〝都市〟の景観についてのみの話なのか、また、②そうした利益はその景観の近くに〝住む〟人たちにしか認められないのか。これらの問いへ応答したのが、平成26年4月25日の大阪高裁判決である。[1] この判決は、①について、景観利益が（都市景観だけでなく）自然景観へも広がることを認め、また、②についても、自然を「生活の重要な部分において利用して」いる人たちであれば（その景観の近くに住んでいないとしても）景観利益が認められる余地があるとしたものである。[2]

②については、フランスの地理学者であるオギュスタン・ベルクの風土論が想起されよう。ベルクは和辻哲郎の『風土』から受け継いだとされる「主観と客観の二分法を脱却した見方」として、[3]「主体は超越的ではないということ、つまり主体自身の一部はその環境のなかに深く入り込んでいるということだ」と述べていた。[4] こうした〝入り込みの深さ〟という観点が前記の大阪高裁判決でも共有されているように思われる。すなわち、〝住んでいる〟のであればそうした深さは当然に深いだろうし、自然を「生活の重要な部分において利用して」いることが認められるの

であれば、やはりその深さは相当なものであろう、と。

　こうした判決の登場は、「手入れ」のレベルや態様、つまり自然への〝入り込みの深さ〟によって認められる法益が異なってくる。そうした可能性を示唆しているのではないだろうか。例えば、サンゴを守るためにオニヒトデの駆除を日常的に行いながら、その海域でツアーを催行するダイビング業者の営業利益について考えてみよう。それは、何もせずにただツアーを催行している同業者と同一のものだろうか。前者の営業利益は、サンゴから得られる「生態系サービスを維持改善しながら営業する利益」とでも呼べそうなものであり、これを伝統的な営業利益と同一視するのはおかしいように思われる。[5]

　なお、そろそろ、「自然への『入り込みの深さ』と連動した法的利益のあり方」といったタイトルの論稿を書いてみたい。そんな誘惑にかられることもあるが、まだまだ読むべきもの・考えるべきことが多く、そうした希望を抱いたままで定年を迎えてしまうかもしれないとも思う。

第Ⅳ部 関係性に手を入れる

第10章 『ダーウィン事変』の法的基層――チャーリーは人／物か

2022年3月28日、マンガ大賞2022が発表された。大賞を受賞したのが『ダーウィン事変』である。漫画家のうめざわしゅんによる作品であり、講談社の月刊『アフタヌーン』上で2020年8月から連載されている。以下にその「あらすじ」を紹介しよう。

舞台はアメリカのミズーリ州にあるシュルーズビルという田舎町。主人公は、人間の父親とチンパンジーの母親から生まれた「ヒューマンジー」の少年。名をチャーリーという。チャーリーは、頭脳明晰かつ驚異的な身体能力の持ち主として成長し、地元の私立高校に入学する。周囲から腫れもの扱いをされるものの、ルーシーという一人の少女と出会い、高校生活に愛着を持つようになっていった。しかし、動物解放同盟というテロ組織が、チャーリーを仲間に加えようと、過激な手段に出ることで、チャーリーとその家族、そしてルーシーや地域の人々の運命（そして、おそらくはアメリカ社会）が激変していく。といったストーリーの漫画なのだが、実際に読んでみると、本章と後続する二つの章で扱っているテーマとの重なりの深さに驚く。

わたしたちは、動物たちを保護したり、節度をもって利用したりするために、法制度上のさまざまな「手入れ」を行ってきた。しかし、『ダーウィン事変』では、そうした「手入れ」の適切性や十分さへの疑問が次々と投げかけられる。チャーリーは人なのか、それとも物(!)なのか。人間だけを(その他の動物と比して)特別に扱う理由はあるのか。その理由は説得的であるか。所有権とはどのようなものであり、それはどれくらい強力な権利なのか。仮に動物の権利を認めるならば、どのようなものとなりそうか。動物開放連盟のやっていることは許されないとしても、その主張を完全に否定しきれるか等々。

本章と後続する二つの章では、人間と動物との関係性に従来どのような「手入れ」がなされ、また、今後、いかなる「手入れ」をする余地があるのかを探っていく。

1 法の世界と「人/物」二元論

人間は「人」、動物は「物」。「人/物」二元論が極めて強固なのが法の世界である。それでは、そもそも「物」とは何か。この点について、民法85条は、

この法律において「物」とは、有体物をいう

としている。そして有体物としての物は、さらに不動産と動産に分かれる。不動産は「土地及びその

定着物」であり、その他の動く・動かせる物が動産である。動物は、民法の上では、この動産となる。

こうした物を利用したり、守ったりするのが人である。人は生まれながらにして権利主体であり、さまざまな物を利用したり、守ったりする存在とみなされている。これが民法の基本的な考え方であり、人と物の立場の逆転は想定されていない。

このことは、釣りや虫捕りをイメージしてみると分かりやすい。あなたは海で釣ってきた魚を家に持ち帰ることができるし、原っぱで捕まえた虫たちを自宅で飼うこともできる。写真（写真10－1）は、ある年のゼミ合宿での釣果であるが、筆者もゼミ生たちもだれかに許しを得て、これらの魚たちを釣り上げ、意気揚々と宿へ持ち帰ったわけではない。

写真10－1　ゼミ合宿の釣果　（筆者撮影）

なぜそんなことができるのか。それは、あなたが人という権利主体であり、その一方で野生動物がだれのものでもない物だからである（「権利」については、第9章1（2）で説明した）。法的に答えるならば、野生動物が「無主物」だからということになる。民法239条1項には次のように書かれている。

所有者のない動産は、所有の意思をもって占有することによって、その所有権を取得する

主人（＝所有者）がいない物（＝動産）だから無主物。あなたは無主物としての魚や虫たちを手に入

れて、その所有権＝「モノを持つための権利」[1]を有することになったのである。

それでは、あなたはその魚を料理することはできるだろうか。あるいは、その虫を友達へプレゼントすることができるだろうか。できる。なぜなら、民法２０６条は、

所有者は、法令の制限内において、自由にその所有物の使用、収益及び処分をする権利を有する

と定めているからである。

ペットや家畜、それに実験動物などが所有権の対象であることは疑いない。前記の魚や虫と違って、それらにはすべて所有者がいる。それらの動物たちはだれかの所有物として存在しており、それらをどのように利用ないしは処分するかは、所有者の自由である。

人も動物も同じ「生き物」であるに違いない。しかし、人は檻に入れられて売られてはいない。また、畜産の対象ともされておらず、人体実験の対象ともならない。[2]片や、ペットショップや畜産農家、それに動物実験施設などでは、一定の尊重や配慮を受けているとはいえ、動物たちは基本的に「物」として扱われている。みな同じ「生き物」なのに、なぜなのか。上に見たような「人／物」二元論とそれを基礎とする法をわたしたちが支持し続けてきたからである。

2 動物の権利論——キムリッカの主張を中心に[3]

動物は「物」なのだろうか。ダーウィンは、感覚、直感、愛情、記憶、注意、好奇心、模倣、推論といった「人間が自慢しているさまざまな感情や心的能力」が動物たちにも見られることを指摘した上で、次のように述べていた。[4]

人間と高等動物の精神の差がいかに大きいとしても、それは程度の問題であって、質の問題ではない

ペットを飼っている・飼ったことのある人ならば、この言葉に深く肯くに違いない。それでは、動物が物ではないとすれば、それは何なのか。

(1) 動物の権利論とその限界

この問いに対する一つの答えが、いわゆる動物の権利論である。動物の権利論とは「動物は、人間の権利の客体ではなく、人間と同様に権利の主体であると位置づける議論」[5]であり、この考え方によれば、「実験室であれ、農場であれ、野生状態であれ、人間が人間以外の動物を利用することは原則として悪いことであり、止めねばならない」[6]。すなわち、人間にとっての利益云々ではなく、動物を利用すること自体が悪。これが、伝統的な動物の権利論の基本スタンスとなる。

ところで、この論については、強い権利から弱い権利まで、さまざまなものが説かれてきたが、いずれも、「〇〇されない権利」を主張する点が共通していた。具体的には、だれかに所有されない権利。殺傷・監禁されない権利。それに、家族から引き離されない権利などである。しかし、こうした権利を基本に据えた主張は広く支持を集めにくい。というのも、そうした権利を徹底すると、最終的には、犬や猫などのペットを飼うことや肉食、それに薬品や化粧品を使うことなどを止めねばならなくなってしまうからである。

それに、そもそも権利といっても、単なる考え方としての権利と、法で認められた権利(=法的な権利)とでは意味が違う。考え方として表明されるだけならば、それは権利〝論〟にすぎない。それは「倫理的な立場の表明であり、動物保護活動家たちの……運動スローガンとして語られる」[7]ものかあるいは、「人間から他の動物への一方向の(見返りを求めない)配慮」でしかなさそうである。[8]

そこで、欧米を中心に、動物の権利〝論〟を裁判でも使える〝法的権利〟として鍛え上げようとする試みが続いているが、目に見える成果は上がっていない。動物法に詳しい比較法学者の青木人志は、動物の権利が認められにくい理由として、

動物のもつ「権利」の内容があいまいで、具体性を欠いていること

現行法の「解釈」としては成り立たず、訴訟(裁判所)との接点を欠いているため、せいぜい「立法論」として語るしか方法のないこと

などを挙げる。[9] また、権利主体の間では「常に立場の互換性（反転可能性）が追求されなければならない」[10]が、例えば、動物に対し、「あなたは権利主体なのだから、それ相応の義務も負うんだよ」と言ってみても、それこそ馬耳東風だろう。この意味でも、動物の権利は認められにくくなる。

（2） キムリッカの挑戦

ただし、動物の権利論なるものを根本から否定するのは難しい。[11]『ダーウィン事変』の中で、菜食主義を批判して、突っかかってきた学生に対し、チャーリーは次のように問う（傍点は筆者による。以下同）。

> なんで人間だけは殺して食べちゃダメなの？ もしそれが苦痛や死を与えたくないっていう理由だとしたら神経系を持つ有感生物はみんな当てはまっちゃうし……。それとも他に何か人間だけを特別にする理由があるの？

これに対して、件の学生は、「……バカバカしい！ 人間は特別に決まってるだろ！ 動物とは違うんだ!!」と言い返しはしたものの、チャーリーに「どこが？」と重ねて問われ、答えに窮することになった。[12]

そこで、近年は、「○○されない権利」を基盤に据えつつも、その上に、「○○する権利」を観念し、動物たちが置かれた状況に応じた権利の内容を考えていく、といった議論が展開されるようになった。

こうした新たな議論を展開しているのが、哲学者のウィル・キムリッカからであり、その権利論は、『ダーウィン事変』でも引用されている。[13] この論のポイントとして、次の3点を挙げておきたい。

① 人と動物との相互作用

キムリッカらは次のようにいう。古典的な動物の権利論は、

人間が……動物のいない環境に住み、その一方で、その外にある野生環境の中［に、動物を］そっとしておくことができ［る］

という暗黙の前提に囚われてきた（［ ］内は筆者による）。しかし、この見方は、多くの動物が人間の周囲で暮らしているという現実を直視していない。平たくいえば幻想である。そのようにして、古典的な動物の権利論を批判した上で、キムリッカらは、人と動物との「永続的な相互作用は不可避」なのだから、そうした現実を動物の権利論の前提におくように、と説く。[14]

② 動物三類型

そう説いた上で、キムリッカらは、人との関係性の度合いによって、動物を「飼われている動物」「境界に棲む動物」「野生動物」の三つに分ける。「飼われている動物」としては、犬や猫などのペットや牛馬などの家畜、それに実験動物をイメージするとよいだろう。写真は、筆者に飼われている

写真10－2　ルーク
（筆者撮影）

写真10－3　オオワシ
（筆者撮影）

（いや、お世話をさせていただいている）小犬である。名をルークという（写真10－2）。

　これに対して、「野生動物」とは、「人間および人間の居住地を避けて暮らし、……生息地や縄張りにおいて……分離・独立した存在であり続けている動物たち」をいう。[15] 写真は、筆者が釧路湿原で遭遇したオオワシである。想像以上に大きな生き物であり、その威厳に圧倒された（写真10－3）。

　そして、最後の「境界に棲む動物」について、キムリッカらは、これを「人間の居住地を避けたり、そこから逃げたりするのではなく、……人間の居住地に引きつけられ、適応したものたち」[16] と説明し、リスやアライグマ、それにツバメやネズミなどを例として挙げる。リスといえば、1997年のある日の午後、1匹のリスが、小隕石のごとく、部屋の天井から筆者のデスクの上へ降ってきたことを思い出す。リスは家の中を猛スピードで走り回り、アントニオ（当時のルームメイト）と筆者は、彼（いや彼女？）に翻弄された（追いかけられた?）。アメリカ留学時代の不思議な体験の一つである。

キムリッカらは、なぜ、それまでの動物の権利論が一括りにしていた動物を三つの類型に分けたのか。二つの理由が考えられよう。一つは、現実的な距離の反映である。一口に動物といっても、人間と日常的に接しているものもあれば、ほとんど接することのないようなものもいる。人と動物との関係性を考える以上、そうした距離を無視するわけにはいかない。

もう一つは、政治的な戦略である。繰り返しになるが、「○○されない権利」を徹底しようとすると、ペットの飼育や肉食などを断念しなければならず、社会的に多くの賛同を得られない。これに対し、「○○する権利」を三つの類型ごとに丁寧に導き出していければどうか。より多くの人々から賛同を得られ、ひいては法改正や新規政策の立ち上げの可能性が高まるはずである。

③　類型に応じた権利

キムリッカらも、動物たちが「○○されない権利」を持つことは否定しない。すなわち、動物たちは、だれかに所有されない権利や殺傷・監禁されない権利、それに、家族から引き離されない権利などを有する。[17] しかし、それらの上にさらに、動物たち自身が「○○する権利」をこしらえていったこと。その点こそが、キムリッカらの権利論の最大の特徴といえる（図10-1）。

まず、「飼われている動物」には〈**市民権**〉が与えられるという。具体的には、移動する権利や公共空間を利用する権利、それに災害時に保護される権利などである。次いで、「境界に棲む動物」に

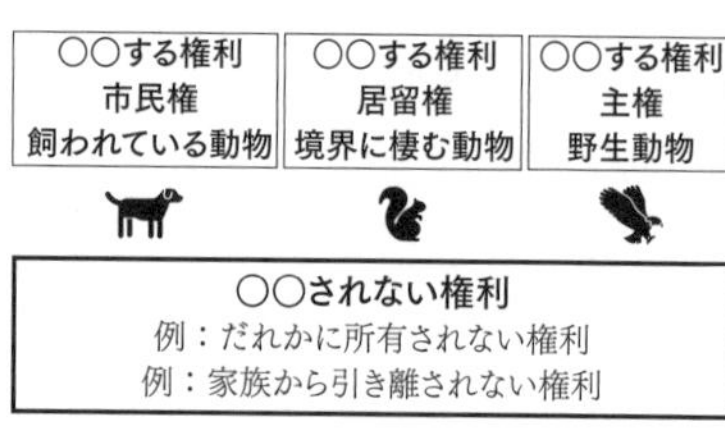

図10－1　キムリッカらの権利論のイメージ

は〈**居留権**〉が認められるとしている。リスやツバメなどが人間の住居内に巣を作る権利などである。そして、「野生動物」には〈**主権**〉があるという。一瞬、何を言っているのかと思うが、その言葉は、国家の主権と似た意味で使われている。すなわち、②で述べたように、野生動物は、生息地や縄張りにおいて（人間とは）分離・独立した存在である。そのことを踏まえて、キムリッカらは、その生息地や縄張りを少数民族の自治領のように捉えてみせたものといえよう。[18]

> 野生動物が必要としているのは、……彼らの領土における生活様式を維持する権利の保護である

と述べた箇所に、そのようなアナロジー（類推）が反映されていることが窺われる。

以上、駆け足で動物の権利論なるものの輪郭をなぞってきた。こうした権利論、とりわけ従来型の動物の権利論は、本章1でみたような強固な二元論が支配する世の中において、「ちゃぶ台返し」的な趣をもつ。だとすれば、動物が権利主体となる未来はそう簡単にはやって来ないだろう。やはり「人／物」二元論を基本として、人と動物の関係を考えていくのが現実的かもしれない。[19]

3　動物の福祉

それでは、現在、「人／物」二元論を基本として、人と動物の関係はどのようなものとして捉えられ、社会のルールとなっているのだろうか。

（1）人と動物の関係性序説

前掲の青木人志によれば、「人と動物の関係」というテーマへの人々の関心は、

①　人が動物をつかうことは、なぜ許されているのか
②　人が動物をつかうことが許されているとしたら、どうつかうことができるのか
③　人は動物をなぜまもらなければならないのか
④　人が動物をまもるとしたら、どうまもるべきなのか

の4点へ向かうとしている。[20] ①②は「利用」という言葉で表せよう。今日の食事を思い出してほしい。肉や魚、それに卵など。それらを食するという形で、わたしたちの多くは動物を利用している。また、薬や化粧品などの開発に当たって、多くの実験動物が利用されていることも周知の事実であろう。

その一方で、③④のように、人は動物たちを「保護」してもいる。例えば、絶滅危惧種や天然記念

物に指定された動物たちは、人から、傷つけられたり、殺されたりしない地位を得たものといえる。また、日本には、動物の愛護及び管理に関する法律（以下、動物愛護管理法）という法律があり、動物たちが快適に暮らしていけるよう、人の行為に対してさまざまな制限（＝規制）を課してきた。

そうすると、①〜④の答えは、人間や当該社会の価値判断とそれに基づくルールの定め方次第であるといえよう。すなわち、その社会がどのような価値や利益をどれくらい大事に考えるかによって、法の平面における人と動物の関係は変化する（し、変化させられる）。例えば、動物愛護管理法44条は、動物を虐待することが犯罪になると定めている。それでは、その規定は犬やネコにしか及ばないのだろうか。それともタコやカニにまでも及ぶのだろうか。この問いへの答えは、この法律における「動物」をどのように定めるか次第である（2022年、タコやカニはそうした「動物」となった。ただしイギリスにおいてである。その話題は次章でとり上げよう）。

翻って日本の現行法律は人と動物との関係をどのように規律しているのか。大雑把にまとめてみると以下のようになりそうである。

（2）何かのために動物を守る[21]

本章1では、無主物は、意思をもって占有すれば、自分の所有物になると述べた。しかし、無主物だからといって、そうした動物たちが常に守られていないわけではない。むしろ、何らかの制度的な「手入れ」がなされているのが普通である。種の保存法に基づいて保護対象種となっている動物たちは多い（ライチョウなど）し、文化財保護法に基づく天然記念物として守られている動物たちもいる（ウミガメなど）。

魚釣りも自由に行えるような営みではない。海や川には漁業権が設定されていることが多く、漁業権を持っていない人がそこで魚介類などを捕ったりすれば、れっきとした犯罪となる。だから間違ってもウニなどを捕ってはいけない。小さな魚や海岸に打ち上げられた海草などを持って帰れるのは、単にそれが咎められなかっただけと考えるべきである。なので魚介類は無主物ではない場合が多いといえよう。なお、魚釣りに比べれば、虫捕りはまだまだ自由に行える。ただし、今後、昆虫食が一般的になるような未来が訪れたとすれば、食料確保の観点から虫捕りにも法的な規制が及ぶ可能性はないとはいえない。

カラスやスズメ、ウグイスにメジロなどの鳥たちや、キツネやタヌキ、それにイノシシなどの獣類はどうだろう。これらの鳥獣はいずれも鳥獣保護管理法という法律で守られており、勝手に捕ることは許されていない。勝手に捕ればやはりお縄頂戴となる。

加えて、国立公園や鳥獣保護区などの「保護区」内にいる限り、動物たちは、ある程度までは守られることになるだろう。その区域内では、人間活動に対してさまざまな規制がかかっているからである。保護区の仕組みや概況については、第7章で簡単に説明した（第7章1）。

このようにして、多くの動物たちが、さまざまな法律の下で守られている。ただし、それらの法律は、種や生態系の保護、生物多様性の保全、それに人の健康や産業の保護といった「何かのために」

動物を守ろうとしているにすぎない。〝動物が快適に暮らしていくこと〟それ自体をめざす法律はないのだろうか。

(3) 動物福祉のために

動物が快適に暮らしていくこと。その確保を旨とする考え方を、動物福祉(animal welfare)という。[22]イギリスを中心に提唱されている概念であり、そこでの福祉とは「動物の快適な環境の維持」を意味するという。[23]具体的には、動物にも人間と同様に苦痛を感じる力が備わっているのだから、不合理・不必要な苦痛を緩和・除去しなければならないという考え方である。[24]そのため、この考え方に基づけば、動物に対して合理的な・必要な苦痛を与えること、すなわち、

人間以外の動物を研究目的で利用したり、食用に飼育したり、スポーツや営利のために動物を狩猟したりわなにかけたりすることは、それらの活動によって得られる全利益が動物の受忍する苦痛を上回るときには、許容される(悪いことではない)[25]

なので、例えば、水族館や動物園でのイルカやオットセイなどのショー、それに闘牛や金魚すくいなども容認されることになるだろう。

では、動物福祉が確保されているかどうかはどのように判断されるのか。一般的には、次の「五つの自由」が評価の観点=モノサシとして用いられることが多い。

「空腹と渇きからの自由」「不快からの自由」「痛み・損傷・疾病からの自由」「恐怖と苦悩からの自由」「正常行動発現の自由」[26]

こうした五つの自由が満たされていれば、良い状態にあり、動物福祉が満たされていることになるという。

日本では、動物福祉関連の規定は、動物愛護管理法に集約されている。この法律は、「相次ぐ改正を経て……、基本原則、飼主の責任、特定動物(危険動物)の管理、生活環境悪化防止、動物虐待の禁止、動物取扱業規制、行政による犬猫の引取り、啓蒙活動、動物実験の倫理(3R)といった諸問題につき、イギリスなどの最先進国にこそおよばないものの、動物の福祉への配慮がかなり行き届いた、充実した法規定を急速に備えつつある」[27]。また、この法律をサポートするためのルールとして、命令や告示など(「○○に関する基準」や「○○の細目」など)が多数出されており、そこでは、五つの自由を保障する内容が「かなりきめこまやかに規定されている」[28]。

ただし、国際的な環境保護団体が、世界50か国の動物法や関連政策を評価して作成したランキング(の2020年版)では、日本の法制度への評価は高くない。A〜Gの7段階評価で下から3番目のE評価とされている。[29] きめ細やかではあっても、努力目標が多いことや、産業動物(家畜)の福祉についてのルールの「きめが粗い」ことなどが要因となるのだろうか。[30]

動物福祉関連の先進的な立法例が見られるのが、ドイツやフランス、それにオーストリアやスイス

などのヨーロッパ諸国である。例えば、ドイツ民法典（ＢＧＢ）に１９９０年に挿入された規定を見てみよう。同法90ａ条は、

動物は物ではない。動物は特別の法律によって保護される。動物については、物についての規定を、ほかに規定がないかぎり準用する

と定めた。[31] もちろん、この条文の後半部分を読めば分かるように、動物はこれからも基本的には物として扱われ続けるだろう。ただし、この民法典の改正と併せて、ドイツでは民事訴訟法典（ＺＰＯ）も改正され、家庭内で飼われているペットは、原則として、強制執行の際にも差押えできないことになった。[32] また、ドイツ民法典２５１条２項では、ペットが傷つけられた場合には、その財産的価値を超えた額の治療費の請求が認められているという。[33]

その後、ドイツは更なる一歩を踏み出した。２００２年にドイツ連邦共和国基本法（憲法に相当するもの）を改正し、「動物を保護する」ことを「国の責務」であると定めたのである（20ａ条）。[34] 民法や民事訴訟法の話が法律レベルの話であったのに対し、ドイツでは現在、動物保護は憲法レベルでも語られるテーマとなっている。

なお、こうしたヨーロッパ諸国での動きは注目されるものではあるが、動物の権利を認めたわけではないことには留意すべきであろう。これらの立法は、動物福祉の考え方を法という「形」にしたものと理解しておきたい。

4 キムリッカへの往信

キムリッカらの権利論は、権利論ではあるが、人間の責任論としての色合いも濃い。なので、動物福祉に関連する法や政策の中身として実現できそうなことが少なくないように見える。そこで、キムリッカらの示した三つの類型の動物それぞれについて、今後の動物福祉の法政策のあり方という観点から気がついた点を記しておこう。

〈野生動物〉

野生動物については、野生動物としての主権ないしは領土を保持したまま、人間の領土へ越境してくるものが少なくない。筆者の自宅から数分歩いたところに、小さな川が流れているが、そこで年に数回、カワセミを見かけることがある。この美しい野生動物は、普段は上流の森林で暮らしているものと思われるが、時々フラッと人間の領土に遊びに来るらしい。

こうした野生動物の中には、野生動物が持つ（とされる）〈**主権**〉とは違った形で、法や政策の上での地位を与えられている場合がある。例えば、街のシンボルとなって行政文書の中にその存在が書き込まれていたり、条例によって地域の共有資産と位置づけられていたり。そうした動物たちの生き様については、後の章（第12章）でとり上げたい。

写真10－4　公園に貼られたポスター（筆者撮影）

写真10－5　クマバチが巣を作りにやって来るパーゴラ（筆者撮影）

〈境界に棲む動物〉

筆者の自宅近くの公園では、数年前から、次のような内容のポスター（のようなもの）が見られるようになった（写真10－4）。

「お知らせ　クマバチがパーゴラに巣をつくっています。クマバチはきわめて温厚で、危害を加えなければ刺したりはしません。そのため、当面はこのまま温かく見守ってあげたいと考えておりますので、ご理解とご協力をお願いいたします」

このポスターが、春から夏にかけて、公園内のパーゴラの柱に取り付けられる。Wikipediaによれば、パーゴラとは建築用語で、「住宅の軒先や庭に設ける、つる性の植物を絡ませる木材などで組んだ棚」を意味するという（写真10－5）。いわゆる、日陰棚（ひかげだな）、つる棚、緑廊（りょくろう）のことであり、日本で最も一般的なパーゴラは、藤棚（ふじだな）であるとされている。上記のポスターは、クマバチが「境界に棲む動物」であり、その〈**居留権**〉を認めようという趣旨であると解されよう。

また、筆者の自宅の近くにある床屋でもやはり春先、張り紙が出されることが多い。店の入り口上部にツバメが巣を作るからである。そのため、その張り紙で、「ツバメが巣を作っているので気をつけてお入りください」といったことが宣伝される。この例では、ツバメが「境界に棲む動物」であり、床屋の主人は、張り紙をもって、その〈**居留権**〉を承認したものといえよう。

これに対して、とある電車の駅では、改札からホームへと向かう階段の天井に棘のようなものが設けられている。これはおそらくツバメが巣を作るのを防ぐためのものであろう。これは言外に、ツバメの〈**居留権**〉を否定したものと考えられる。

では、こうした〈**居留権**〉とその裏返しとしての承認義務はどこから、いかにして導かれるのだろう。これは、境界に棲む動物たちそれ自体が権利主体である一方で、人間にとっての「コモンズ」、簡単にいえば、共同管理の対象物でもあるからではないか。筆者はそのように考えている。この点については、後の章（第12章3）で、筆者の見解を著すことにしたい。

〈飼われている動物〉

アメリカのシアトル市に、エクリプスという名のメスの犬（黒のラブラドールレトリバー）が住んでいる。エクリプスは世界的に有名な犬である。というのは、彼女は一人で（！）市営バスを乗り降りするからである。エクリプスは「飼われている動物」であるが、その〈**市民権**〉の一部として、「移動の自由」を持つものといえるだろう。

翻って考えてみると、日本では「飼われている動物」でさえ、「移動の自由」といったような基本的な〈**市民権**〉をはく奪されていることに気がつく。そして、そのことに気がつけるならば、この問題が単なる迷惑の問題とか衛生上の問題にとどまらず、「権利」をめぐる問題であることにも気づけるだろう。

もちろん、アメリカのすべての都市が「飼われている動物」の〈**市民権**〉としての「移動の自由」を認めているわけではない。しかし、サンフランシスコ市のように、「飼われている動物」が乗車できる曜日や時間を定めるなど、政策上のきめ細かな「手入れ」を行っている自治体もある。日本のような〝一律の乗車禁止〟はどうなのだろう。一種の思考停止状態に陥ってはいないだろうか。理論上だけではなく実際的にも再検討する余地があるように思えてならない。

伝統的な動物の権利論と同じように、キムリッカからの権利論もまた、裁判で使えるようなものではないだろう。しかし、その権利論では、動物の類型ごとに、つまり、ヒトとの関係性の強弱を基軸として、権利の内容が具体的に描き出されている。そのため、キムリッカ的な権利の観念を持つことで、人と動物の関係構築のあり方を従来よりも明確な形で、法や政策の中に書き込めるようになるのではないか。キムリッカからの権利論には、一つひとつの関係性を仔細に見ていくことで、人と動物の間の関係性への「手入れ」のパターンを豊かにする。そのような意味や意義があるように思われる。

「モノの議会」の衝撃――ワクチンとしての哲学

会社や官公庁と同じように、大学でも会議は多い。そしてそれは退屈極まりないのが通例である。しかし会議にも良い点がないわけではない。会議の前後にだれかとの対話の機会が生まれるからである。その日の会議もつまらなかったが、会議後に、思想史家の榑沼範久と対話する機会を得た。他愛のない話で大いに盛り上がる中で、筆者の専門が法学であると聞くと、彼は次のように問うてきた。

モノの議会を知っているか?

不意を突かれて驚いた。議会という言葉から、わたしたちは何を連想するだろう。国会議員が大臣に向かって何かを質問している姿だろうか。質問された大臣に対し、だれかがササっと近づいてきて、何やら耳打ちする光景かもしれない。あるいは、生きた人間ではなく、国会議事堂のような建物を想像した人も少なくないだろう。わたしが思い描いたのも、そんなありふれたイメージであった。

なので、「モノの議会?　それってどういうこと?」と問い返した。すると榑沼は次のように返してきたのである。細かなところまでは覚えていないが、石やロープ、それに椅子などの「モノ」たちはそれ自身のやり方で人間に働きかけており、そうした中でモノと人間は世の中のあり方についての対話を重ねている。そのような内容であった。そして、そうした考え方が、フランスの哲学者であるブルーノ・ラトゥールなどによって発展させられてきたとのことであった。[1]衝撃を受けた。ただ、この話を耳にしていたおかげで、後日、ラトゥールのアクター・ネットワーク論やグレアム・ハーマンらの思弁的実在論などに接した際にも平常心を保てたのだと思う。ちなみに、これらはいずれも、モノの人間からの独立・超越性を基本とする考え方であり、例えば、アクター・ネットワーク論では、「すべてのモノが平等に『アクター』であって、それらが形成する複雑なネットワークを視野に収めなければならない」と説かれる。[2]

おそらく、哲学なるものは、常識はもちろんのこと、ステレオタイプや偏見、あるいは先入観といったものに対する「手入れ」の道具なのだろう。そのような手入れを施しておくことで、わたしたちは日々発生するさまざまな変異に適応できるようになる。別な表現をすれば、予想外の事態に過度に慄くことなく、日々を暮らしていけるようになるためのワクチン。そうした役割を担ってくれるのが、哲学による常識への懐疑ないしは手入れといえそうである。

しかし、石や椅子などの「モノ」に感情があるとは考え難いし、それらはわたしたちが聞き取れる声で話しかけてくることもない。[3]そこで、凡庸な法学者である筆者は、動物と人間との関係性への手入れという（ありがちな）テーマで本書第Ⅳ部の叙述を進めてきたものである。

少し調べてみたところ、ニュージーランドやインド、それに南アフリカなどでは、「川」に権利を認めてみたり、「川」の声を聴き、それに代わって発言したりする制度（川の代理人（water agent））を作ったりといったような制度的な「手入れ」を施していることが分かった。「モノの議会」は決して絵空事ではないものといえよう。あらゆる物の声を聴く代理人を設定することは非現実的かもしれないが、人との親疎の程度によっては、声を聴かれるべき「物」はいろいろとありそうである。ただし、川は物というよりはむしろ「生態系」として捉えるのがよいのではないか。そうであれば、川の代理人は ecosystem agent、「生態系代理人」と呼ぶのがふさわしいようにも思える。

それでは、川を始めとする「生態系」の声を聴くとはどのような営みとなりそうか。社会学者の塩原良和は「聴く」とは文字通りの聴覚ではなく、「世界に対して注意深くあること」であると説く[4]。そして、それを「私たちが予期しない何かを世界の中から見つけ出し、それによって私たちの知識を再考し、世界に対する私たちの想像力に変更を加えること」と敷衍している。おそらく、そうした注意深さとしての「聴く」作業こそが、人間の言葉で「話しかける」術を持たない自然との関係性に手を入れるに当たって、最も求められるに違いない。

ただし、常人の注意深さには限界がある。なので、生態系の声をより注意深く聴き取る者がいなくてはならない。そうした存在が自然科学者だろう。例えば、地殻の声を聴き取ることは、筆者にはできない。しかし、地球科学者の石川正弘であれば、その繊細な声を注意深く聴き取り、筆者を始めとする常人へ上手く伝えてくれるはずである。[5]

そのようにして聴き取った声を代弁する人間は何を発言するべきか。その発言内容を構成する際の助けとなるのが、さまざまなサービス、つまり生態系サービスだろう。

わたしたち（＝人間）はわたしたちをもっと大事にせよ

わたしたち（＝生態系）は、これだけの生態系サービスを提供しているのだから、君たち（＝人間）はわたしたちをもっと大事にせよ

そのように議会で（代理人を通じて）発言する生態系が現れるかもしれない。「モノの議会」の生態系ヴァージョンである。榑沼範久や石川正弘との対話のネタができた。

第11章　動物福祉の最前線――ロンドン便り

「人／物」二元論は今すぐに捨て去られるようなものではない。前章で窺われたのはむしろその強固さであった。しかし、動物福祉という考え方は、「今後一層浸透していく」に違いない。[1]近い将来、その考え方に沿った形での制度的な「手入れ」がなされ、動物関連法の中身が激変する可能性もあろう。最近、その初期微動とでもいうべき出来事がイギリスで起こった。タコやカニなどに〝痛みや喜びなどを感じる力がある〟。２０２１年の暮れに公表された報告書が、そのことを正面から認めたのである。そして、２０２２年４月末、その提言に沿った形での法改正が実現をみた。以下では、イギリスにおける最新の制度動向を紹介したい。

1　感覚力のエビデンスを評価する

突然ではあるが、タコは

瓶の中に餌を入れて水槽に沈めると、……瓶に抱きついて開けようとする。ここで、観察している人間

が瓶のネジ蓋を開けて見せると、タコはこれを見て開け方を覚え、見せなかった場合よりも早く蓋を開けられるようになる

という。[2]「だれかがやったことを見て覚える」力を備えているのである。そうした社会学習能力とは異なり、本章で紹介する報告書は、一言でいえば、タコやイカ、それにエビやカニの感覚力について書かれたものである。感覚力（sentience）とは何か。それは、痛み、快楽、空腹、渇き、暖かさ、喜び、快適さ、興奮などの各種感覚を持つ能力のことをいう（ただし、イギリスの法律で考慮されているのは、それらのうちでもとくに、痛みや苦痛の感覚である）。

報告書は２０２１年11月に公表された。タイトルは *Review of the Evidence of Sentience in Cephalopod Molluscs and Decapod Crustaceans*。[3] 日本語に訳すと「頭足類と十脚類における感覚力のエビデンスのレビュー」のようになるだろう。ただし、やや分かりにくいので、少しだけ説明したい。頭足類とはタコやイカ、十脚類とはエビやカニのことと考えておけばよいだろう。エビデンスとは、一般に、「証拠」を意味する言葉である。「酒を飲む前に〇〇を飲んでおけば酔わないというが、そのようなエビデンスはない」とか「〇〇を食べ続ければダイエットできると書いてあるが、この記事には医学的な意味でのエビデンスがない」などといったように使われる。レビュー（Review）という言葉については、音楽機器の「巻き戻す」を思い出した方が多いかもしれない。確かにそうであるが、その言葉には「評価する」という意味もある。すると、「エビデンスをレビュー」するとは、過去の研究論文

	基準1	基準2	基準3	基準4	基準5	基準6	基準7	基準8
タコ	**極高**	**極高**	高	高	中	**極高**	**極高**	高
コウイカ	高	**極高**	高	低	中	中	**極高**	低
ヤリイカ	高	**極高**	高	低	中	低	高	低
オウムガイ	高	低	低	低	低	低	中	極低
カニ	高	**極高**	低	**極高**	低	**極高**	高	極低
ヤドカリ	高	**極高**	低	低	中	高	低	極低
ザリガニ	高	**極高**	低	**極高**	低	低	中	極低
イセエビ	高	**極高**	低	低	低	低	中	極低
カナダエビ	高	**極高**	低	中	低	中	低	極低
クルマエビ	高	低	低	中	低	低	低	極低

表11－1　頭足類および十脚類における感覚力のエビデンスに関する信頼度

※極高は非常に高い信頼度、高は高い信頼度、中は中程度の信頼度、低は低い信頼度、極低は非常に低い信頼度を意味する。なお、信頼度が低い・非常に低いというのは、その動物が基準を満たさない・満たさない可能性が高いことを示唆するものではない。科学的なエビデンスが脆弱であるというだけである。

で示されてきたエビデンスを振り返って、評価することになる。なので、かなり長くなってしまうが、この報告書のタイトルの意味を丁寧に汲み取れば、

「タコやイカ、それにエビやカニなどが感覚力を持つかどうかについて、これまでの研究で示されてきたエビデンスをまとめて評価してみた報告書」

となりそうである。

それでは、この報告書の執筆者たちは具体的に何をしたのか。それは、おおよそ次のような作業である。まず、彼ら彼女らは、タコやエビなどの感覚力について書かれた300本以上の研究論文を手元に集め、それらのエビデンスを評価するための八つの基準を設定した。それらは、痛みなどを感じるための部位や器官があるかどうか（基準1）、その部位や器官が脳とつながっているか（基準3）、傷を受けるかもしれない場合に自己防衛行動をとるか（基準6）などである（詳しくは次節を参照された

い)。

次いで、これらの基準を用いて、タコやイカ(頭足類軟体動物)とエビやカニ(十脚甲殻類)の感覚力に関するエビデンスを評価し、その結果を表にして示した(表11-1)。

このようにして、報告書では、タコやイカ、それにエビやカニが感覚力を有している可能性が高まったという結論が示された。そして、それらの動物たちをイギリスの国内法(2006年動物福祉法。後述)で守られる「動物」に加えるよう勧告したのである。なお、報告書では、これらの動物に関する現在の商慣行についても言及し、例えば、それらを生きたまま茹でたり、棒を用いて殴打したりすることや、眼柄切除(エビの雌の眼柄を切除して繁殖を促進すること)や抜爪(カニの一方または両方の爪を抜去した後で水中に戻すこと)などを止めることも勧告している。

2　2021年報告書の概要

報告書は100頁以上のボリュームがあるので、ここですべてを訳出するわけにはいかない。また、報告書の要旨だけでも相当な量があり、かつ、その書きぶりもかなり鯱(しゃちほこ)張っている(ので、感覚力のあるわたしたちにとっては読むのが苦痛となりそうである)。そこで、ここでは、その要旨をさらに簡潔にしたものを示すことにしたい。なお、報告書の結論や主要な勧告内容については本章1でふれたので、面倒だと思われた方は、すぐに本章3へ移られてもよいだろう。

はじめに

わたしたちは、300本以上の科学論文を参照し、無脊椎動物の2つの群、すなわち頭足類軟体動物（略称：頭足類）（八腕類、ヤリイカ、コウイカなど）および十脚甲殻類（略称：十脚類）（カニ、ロブスター、ザリガニなど）における感覚力のエビデンスを評価した。また、これらの動物に関わる現在の商慣行が動物福祉に及ぼす影響についても評価を行った。

わたしたちが用いた評価枠組み

わたしたちは、次の8つの基準に基づいて、感覚力の科学的エビデンスを評価するための枠組みを開発した。これらの基準を以下に示す。

（1）侵害受容器を保有すること
（2）統合的脳領域を保有すること
（3）侵害受容器が統合的脳領域につながっていること
（4）動物の反応が、局部麻酔薬または鎮痛薬と思われる物質による影響を受けること
（5）動物が、脅威と報酬の機会との比較考量を示す動機付け上のトレードオフを示すこと
（6）動物が、損傷および脅威に対して柔軟な自己防衛行動を示すこと
（7）動物が、馴化および感作を越えた相関学習を示すこと
（8）動物が、負傷したときに局部麻酔物質または鎮痛物質に価値を見出す行動を示すこと

なお、いずれの基準も、単独では感覚力の決定的なエビデンスにはならない。個々の基準は、「明白なエビデンス」として意図されるものではなく、これは特に基準1に当てはまる。この基準は（疼痛伝達

経路の最初の部分として重要ではあるが）感覚力を持たない動物にも容易に認められる可能性があるからである。

頭足類に関するわたしたちの調査結果

タコの感覚力については、非常に強いエビデンスがある。タコが基準1、2、3、4、6、7および8を満たすことについては、高いまたは非常に高い信頼度が認められ、それらが基準5を満たすことについても中程度の信頼度が認められた。他方で、ヤリイカやコウイカに関するエビデンスは若干少ないが、基準1、2、3および7を満たすことについては、高い信頼度がある。

十脚類に関するわたしたちの調査結果

カニの感覚力についても、強いエビデンスがある。カニが基準1、2、4、6および7を満たすことについては、高いまたは非常に高い信頼度が認められた。他方で、その他の十脚類に関するエビデンスは若干少ない。ヤドカリの感覚力については、相当量のエビデンスがある。具体的には、基準1、2および6を満たすことについては高い信頼度が、基準5を満たすことについては中程度の信頼度が認められた。ザリガニについても同様であり、基準1、2および4を満たすことについて高いまたは非常に高い信頼度があると認められた。

比較した所見

頭足類と十脚類との比較において、エビデンスの質や量に顕著な違いはない。タコにおける感覚力のエビデンスは、カニにおけるそれよりも多いが、その差は大きくない。また、カニにおける感覚力のエビデンスは、研究量のより少ない他の頭足類における感覚力のエビデンスよりも若干充実している。

わたしたちの主な勧告

わたしたちは、2006年動物福祉法の目的に照らして、すべての頭足類軟体動物および十脚甲殻類が感覚力を持つ動物とみなされるべきであることを勧告する。すなわち、それらは、同法における「動物」とみなされ、動物の感覚力に関連する将来の制定法の範囲に含められるべきである。

特定の商慣行に関する勧告

抜爪：抜爪（カニの一方または両方の爪を抜去した後でカニを水中に戻す行為）がカニに苦痛を与えることについては、高い信頼度があると認められる。抜爪の禁止は、十脚類の福祉を改善する上で有効な手立てとなろう。

切断：切断（カニの爪の腱を切断する行為）が苦しみを引き起こし、当該動物に対する健康リスクとなることについても、高い信頼度があると認められる。わたしたちは、切断に代わる実際的な手段を開発し、実施すべきである。

卸売りおよび小売り：わたしたちは、生きた十脚甲殻類を未熟練の取扱業者に販売することを禁止するよう勧告する。例えば、オンライン小売業者から、生きた十脚甲殻類の発注が行われる可能性がある。この慣行は、本質的に、不十分な取扱いおよび不適切な貯蔵・屠殺方法のリスクを生じさせるものである。この慣行を廃止することは、十脚類の福祉を改善する上で有効な介入となろう。

貯蔵および輸送：十脚類に関しては、その輸送・貯蔵時の適切な福祉のために、光の当たらないシェルターの利用、適切な温度管理（湿式貯蔵の場合、8℃以下。適切な最低温度はいまだ確立されていないが、3〜4℃前後であると推測される）、それに、適切な飼養密度が必要であることについて、高い信頼度があると認められる。政府は新規ガイドラインの策定を検討するべきである。

スタニング：電気的スタニング、つまり、電気ショックを与えることは、何もしないよりはましであるといえよう。わたしたちは、例えば、十脚類を海上で屠殺する際に電気的スタニングをいかなる形で実施できるかという課題について、さらなる調査を行うよう勧告する。

屠殺（十脚類）：わたしたちは、より人道的な屠殺方法があるすべてのケースにおいて、電気的スタニングを経ることなく、次の方法で屠殺されることを禁ずるよう勧告する。生きたまま茹でる、水の温度を徐々に上げる、尾部の切断を含むその他あらゆる形態での生きた状態における切断、および真水への浸漬（浸透圧ショック）。現在のエビデンスに基づく最も合理的な屠殺方法は、二重刺し締め（カニ）および全身分割（ロブスター）、ならびに専門家向けの機器を用いた感電死（動物を最初に気絶させ、その後即座に殺すように意図され、それが有効な場合）である。

屠殺（頭足類）：現在、欧州水域の漁船では、棒を用いた殴打、脳の薄切り、外套膜の裏返し、懸垂式網袋内での窒息など、さまざまな屠殺方法が用いられている。わたしたちは、これらの方法のいずれをも、人道的なものとみなすことができない。現在のエビデンスに基づくと、頭足類において、人道的、かつ、商業的に大規模に実現可能な屠殺方法はない。わたしたちは、この分野におけるベストプラクティス基準を策定するとともに、より人道的な屠殺方法を海上でどのように実施するかという課題についてのさらなる調査を行うよう勧告する。

眼柄切除：世界中のエビの水産養殖において、繁殖期の雌の眼柄を切除して繁殖を促進する行為（「眼柄切除」）は一般的に行われているが、現在、イギリスのクルマエビ孵化場では行われていないと考えている。なぜなら、これらの孵化場では、孵化したばかりのクルマエビを海外から輸入しているからである。

タコの養殖：タコは単独行動者であり、狭い空間内では、しばしば互いに攻撃的になる動物である。わたしたちは、高度に福祉的なタコ養殖は不可能であると考えている。政府は、養殖されたタコの輸入の禁止を検討することができるだろう。

3　動物福祉法から動物福祉（感覚力）法へ

２０２１年5月21日、イギリス議会へ、２００６年動物福祉法（以下、２００６年法）の改正法案が提出された。その半年後に公表されたのが、前節までに紹介した *Review of the Evidence of Sentience in Cephalopod Molluscs and Decapod Crustaceans* である。この報告書が追い風となって、２０２２年4月29日、改正法は成立した（以下、２０２２年法）。まずは、改正前の２００６年法の中身についてごく簡単に紹介しよう。

（1） 2006年動物福祉法[4]

この法律は、動物福祉の確保と推進を目的とするものであり、人により飼育されている脊椎動物を対象とするものである（ただし、実験動物を除く）。同法に基づき、イギリスでは、動物の所有者はもちろん、一時的に動物を保管する者もまた、責任をもって動物福祉を確保しなければならない。

動物福祉が確保されていないと判断されると刑事訴追されるかもしれない。刑事訴追された場合には、禁固（51週未満）や罰金といった罰則が待ち受けている。そして、こうした罰則を受け得るのは、動物関連業者だけではない点にも注意すべきだろう。一般人もまた同じ罰則の適用対象となる。

（2） 改正法の骨子

これに対し、2022年法の骨子は次の通りである。まず、法律の呼び方が変わった。これまでは、2006年動物福祉法と呼ばれてきたが、改正法は"the Animal Welfare (Sentience) Act 2022"となる。逐語訳すると「2022年動物福祉（感覚力）法」であるが、何やらぎこちなさが残るので、「2022年動物福祉・感覚力法」のほうがよいかもしれない。

次いで、政府内に「動物感覚力委員会（Animal Sentient Committee）」という組織が新設された。この委員会は、動物を「感覚力を持つ存在（sentient beings）」とみなし、その福祉を確保するという観点から、政府の政策を点検する役割を担う。そして何か問題を見つけたら、それを報告書の形で公表し、その中で是正のあり方に関する勧告を行うものとされている。新法がどの程度、積極的に運用さ

図11－1　「動物」の外縁が拡大していくイメージ

れるかは、この委員会の働きにかかっているといえよう。

最後に、「動物」の定義が変更された。２００６年法では、「動物」とは、「人間（homo sapience）以外の脊椎動物」をいうとされていた。改正法では、それに加えて、タコやイカなどの「頭足類」とカニやエビなどの「十脚類」が「動物」とされている。法律上の言葉を書き換えることで、「動物」の範囲が拡大したことが分かるだろう（図11－1）。

このようにして、イギリスでは、犬やネコなどに加えて、タコやイカ、それにカニやエビなどが、動物福祉法上の「動物」の仲間入りを果たした。イギリス社会は、そのような制度上の「手入れ」を敢行したのである。２０ＸＸ年のイギリスでは、何が新たに、そうした「動物」となっているだろうか。

第12章　「生きている」動物たち——コモンズとしての地域猫

現行法律上、動物は「物」でしかない。しかし、動物がどのような物として「生きていく」ことになるかは、制度への「手入れ」次第で大きく変わってくる。街のシンボルとなったオオタカ。地域の共有資産として位置づけられたウミガメ。ノラ猫でも飼い猫でもなく暮らし始めたネコ。本章では、動物たちが、生物学的な意味においてのみならず、社会的な意味でも「生きている」ことを示していく。そして、そうした人／生き物間の関係性を構築する際のカギとなるもの。それが、「生態系」や生態系サービスといった考え方であると説く。

1　都会のオオタカ——住みたい街ランキングと生態系サービス

住んでみたい街（駅）はありますか。あるとすれば、それはどこですか。そこを選んだ理由も聞かせてください。そのような調査の結果が「住みたい街ランキング」のような形で頻繁に発表されている。2022年3月3日にも、そうしたランキングの一つが発表された。リクルート社による「SU

UMO住みたい街ランキング2022首都圏版」である。本節では、この中で上位に入った一つの街（駅）に注目したい。

（1）なぜその街（駅）に住みたいのか

このランキングは、東京都とその近隣4県（神奈川県、埼玉県、千葉県、茨城県）の居住者を対象としたウェブアンケート調査の結果をまとめたものであり、調査対象者は1万人に上る。

順位		駅名
2022	2021	
1	1	横浜（JR京浜東北線）
2	3	吉祥寺（JR中央線）
3	4	大宮（JR京浜東北線）
4	2	恵比寿（JR山手線）
5	8	浦和（JR京浜東北線）
…	…	…
14	14	武蔵小杉（東急東横線）
15	22	船橋（JR総武線）
16	**39**	**流山おおたかの森（つくばエクスプレス）**
…	…	…
22	19	舞浜（JR京葉線）
…	…	…
42	46	新浦安（JR京葉線）
…	…	…

表12－1　SUUMO住みたい街ランキング2022首都圏版
（筆者が改変）

表12－1は、その一部を抜粋したものであるが、駅名の中に一つだけ、動物の名前を冠しているものがある。16位を見てほしい。「流山おおたかの森」（つくばエクスプレスの停車駅）。自治体としては流山市（千葉県）である。

東京に隣接していることが、その人気の理由だろうか。いや、同じ千葉県内の駅（街）であれば、舞浜（22位）や新浦安（42位）のほうが東京都心へは近い。空間的な近接性によっては、流山市の人気は説明しかねる。では、その人気の理由とは何か。

その理由の一つが、子育て環境の良さであった。流山おおたかの森の駅周辺には、ショッピングモールなどの大規模商業施設が立ち並ぶ一方で、子育て関連施設や公園などが充実しており、ワンストップ性が高い。また、保育園の数を増やして定員を拡大していることなど、市の施策も高く評価されている。さらに、つくばエクスプレスの運行本数は非常に多く、それ以外にも高速バスが数多く運行されているなど、東京へのアクセスも良い。空間的な距離はさておき、交通アクセス面では、東京に隣接する駅（街）と同程度かそれ以上の環境が確保されているのかもしれない。

（2）生態系サービスとシンボル化という手入れ

ここで、子育て環境の良さを表すもう一つの要素を挙げよう。それが生態系サービスである。施設環境や政策環境、それに都会へのアクセスなどが、子育て環境の要素として重要であることは疑いない。しかし、子育て環境としては、自然が豊かな場所であるかどうか（＝良好な自然環境が保たれているか）も捨て難い要素ではないか。

この要素と子育て環境とのつながり。これを書き込んだのが、『生物多様性ながれやま戦略』（2010年）であった。[1]「○○戦略」とは、役所内で作られる「○○計画」の一種であり、ある方向へ向けて事業を進めていく時の拠り所となることが多い。行政は、拠り所がなければ何もできないが、それが一つでもあれば、人（公務員）やお金（予算）を動かせるようになる。

この戦略中に生態系サービスという言葉は出てこない。しかし、そのサブタイトルは、

オオタカがすむ森のまちを子どもたちの未来へ

となっている。「オオタカがすむ森のまち」という生態系➡さまざまなサービスの供給➡地域の「子どもたちの未来」。こうした構図なしに、前記のサブタイトルが出てくる可能性は低い。流山市は「オオタカがすむ森のまち」という「生態系」からサービスが得られるという〝流れ〟を地域戦略という〝形〟に落とし込んでみせたものといえよう（図12－1）。

そして、この制度的な「手入れ」は、同市の歴史を基礎とするものでもあった。

> 本市のシンボルである貴重な鳥類のオオタカが生息する市野谷の森は、つくばエクスプレスの開発に伴う土地区画整理事業により消失する危機を乗り越えました。この原動力となった市民運動は、オオタカだけでなく生態系をまとめて保護するまちづくりを行政に提案することからスタートし、結果的に、約24ヘクタールの森を都市公園（都市林）として残すことにつながりました

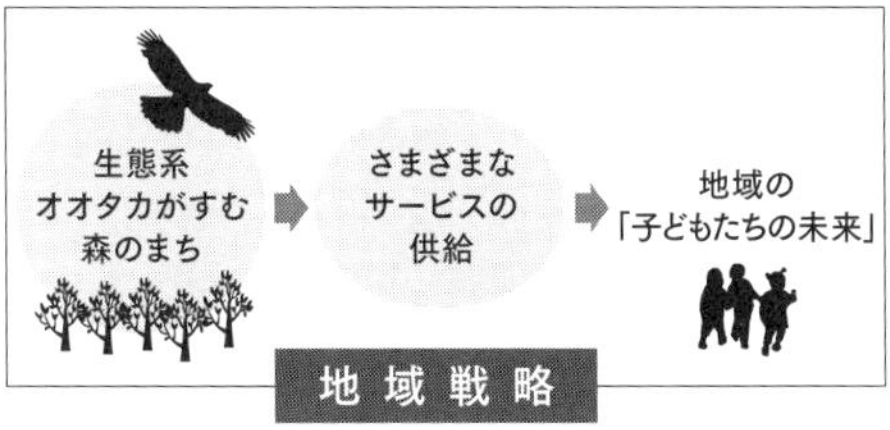

生態系
オオタカがすむ
森のまち
さまざまな
サービスの
供給
地域の
「子どもたちの未来」
地域戦略

図12－1　生物多様性ながれやま戦略と生態系サービスの関係

流山市では、市民運動を通じて、森を残すという「手入れ」を行っていた。この経験の上に、時間差で展開されたのが、地域戦略の策定という制度上の「手入れ」であったといえる。

ひょっとすると、流山市に暮らす人々のうちでも、至近距離でオオタカを見たことがある人は少ないのかもしれない。しかし、「オオタカがすむ森のまち」という生態系から「子どもたちの未来」を支えてくれる、さまざまなサービスが供給されるという構図を頭に描くことは容易だろう。オオタカは地域のシンボルとして、人々の脳内でもその翼を広げているものといえる。そして、そこに自然科学的な知見が加われば、そうしたイメージはより確固たるものとなるに違いない。

なお、特定の動物や植物を地域のシンボルとしているケースは多数に上る。豊岡市（兵庫県）のコウノトリや佐渡市（新潟県）のトキなどが広く知られている例であろう。筆者の研究室でも、自分が暮らす「市の鳥」や「町の花」などの名前を挙げられる学生が散見された。

少なくとも現在の日本社会において、「野生動物」は、キムリッカらが論じたような〈主権〉を認められてはいない（第10章2（2））。しかし、人間による「シンボル化」という行為を通じて、〈主権〉とは違う、法政策上の地位を有している生き物も少なくないのではないか。〈主権〉に至るまでの中継地点的なものとして、そうした地位（のパターンやその付与のされ方など）について検討してみるのも面白いかもしれない。[2]

2 美波町のウミガメ

夏になると海水浴客が押し寄せる海岸は、ウミガメの産卵場所でもある。真夜中に砂の中で孵化したウミガメの赤ちゃんは、か弱い力を振り絞って地上にはい出す。そして、山あり谷ありの砂浜を歩き、海へ辿り着かねばならない。しかし、孵化した場所の周囲を海水浴客のテントが埋め尽くしていたらどうだろう。赤ちゃんたちは戸惑い、そして途方にくれるに違いない。ウミガメを助けるために美波町（徳島県）がとり入れた仕組み。それが可変式保護区（第7章2）であった。町は、その砂浜を、ある時は保護区域に／別な時は普通の砂浜に、というようにゾーニングしたのである。ただし、この「手入れ」とは別に、町がもう一つの「手入れ」を行っていたことはあまり知られていない。以下では、そのもう一つの「手入れ」を紹介しよう。

(1) ウミガメと種の保存法

絶滅を危ぶまれている生物種を掲載した一覧表が「レッドリスト」である（第1章1（3））。ウミガメもそこに載っているので、それは、種の保存法（正式名称は、絶滅のおそれのある野生動植物の種の保存に関する法律）で守られているのではないか。だから、その生息地である砂浜でのキャンプはそもそも違法行為に違いない。

もっともらしく聞こえるが、現実はそうなってはいない。というのは、ある生物種が絶滅の危機に瀕しているからといって、それが必ずしも種の保存法で守られているわけではないからである。この法律に基づく保護対象となっているのは、356種のみであり、ウミガメは指定を受けていない。

さらに、レッドリストと種の保存法とではその効果が違う。レッドリストへの掲載は、ある生物種が、絶滅の危機に瀕しているという状態を示すにすぎない。これに対して、種の保存法に基づく保護対象に指定されると話が違ってくる。捕獲をしてはならない（9条）などの規制がかかり、さまざまな人間活動が制限される。この規制に従わなければ刑事罰を科されるかもしれない。このようにして、権利や義務が変動することを法的効果と呼ぶ。レッドリストへの掲載には、そうした法的効果は伴わない。[3]

そんなわけで、ウミガメは種の保存法では守られていない。だから、その生息地でキャンプをすることも可能となってしまう。ならば、いっそ、この海岸を丸ごと国立公園に指定しまってはどうか。

(2) ウミガメと自然公園法

この海岸を国立公園に指定してしまえば、ウミガメの母親は安心して産卵できるし、赤ちゃんたちも安心して海をめざせそうである。具体的には、産卵地とその付近を「特別地域」に指定すればよいだろう（第7章1を参照されたい）。そうした地域で許可を得ずにキャンプを行えば、刑事罰を科されるかもしれないので、抑止力はかなり強いように思われる。ところが、このように話を進めるのは難しく、ほとんど現実味がない。

というのは、国立公園となる空間は「優れた自然の風景地」（1条）であることはもちろん、「我が国の風景を代表するに足りる傑出した自然の風景地」（2条2項）でなければならないからである。なので、どのような空間が「国立」公園に指定されるかの決め手は、全国的な観点から見て「優れた自然」であるかどうか、であり、地元住民や自治体の意向によるものではない。

このように、美波町の人々が、ウミガメとその産卵場所を守りたい、と思っても、種の保存法と自然公園法という、自然保護法の代表とでもいうべき二つの法律は助けになってくれそうにない。ただし、ウミガメは別な法律によって、守られるべき「物」となっている。

(3) ウミガメと文化財保護法

文化財保護法と聞いて、多くの方々は何を連想するだろう。五重塔や大仏、それに鳥獣戯画や玉虫厨子などの「古くて貴重な物」を思い浮かべた方が多いのではないか。確かにその通りである。それらは、この法律に基づく国宝や重要文化財となり厳重に守られてきた。ただし、この法律には、さらに別な仕組みがあり、それによって多くの「生き物」が守られてきた。天然記念物。この仕組みについては、多くの人が一度は耳にしたことがあるだろう。

天然記念物とは何か。文化財保護法によれば、それは、動植物や地質鉱物等で「我が国にとって学術上価値の高いもの」をいう（傍点は筆者による。以下同）。また、天然記念物のうちでも、世界的または国家的に価値が高いものは、特別天然記念物に指定される。天然記念物に対しては、現状の変更や保存に影響を及ぼす行為をしてはならない。もしもそうした行為によってそれを滅失・棄損等させた輩（やから）には、刑事罰が待ち受けている。

ウミガメもそうした天然記念物の一つである。だから、それは法的に守られているのだけれども、やはり美波町の悩みを解決してはくれない。理由は単純。キャンプをすることで即、ウミガメとその卵が傷つけられるわけではないからである。文化財保護法で禁止されているのは、天然記念物それ自体を直に滅失・毀損する行為だけである。すなわちこの法律は、砂浜にテントを張る（つまり、ウミガメが卵を産みたい場所や子ガメたちの海への帰り道をテントで占有してしまう）ことや、ウミガメを車のライトや懐中電灯で〈困惑〉させたり、海へ戻るのを〈追跡〉してみたりといった行為を禁じようとするものではない。[4]

（4）美波町での手入れ——ウミガメは「物」だが、「資産」でもある

以上のように、国の法律によってウミガメの安心・安全な産卵をサポートするのは難しい。そこで、美波町（実際にはその前身の日和佐町）では〝条例〟というもう一つの法を活用して、ウミガメの「物」としての性質に手を入れることにした。[5] 美波町文化財保護条例と同町ウミガメ保護条例[6]という二つの条例によってである。[7] 後者の主な内容を見てみよう。

（目的）
第1条　この条例は、ウミガメが本町の豊かな自然環境を構成する貴重な野生生物であり、かつ、学術的及び文化的価値を有するものであることにかんがみ、町及び町民等（町民及び滞在者をいう。以下同じ。）が一体となってその保護を図り、もって将来の町民にこれを共有の資産として継承することを

目的とする。
（町の責務）
第2条　町は、ウミガメの保護を図るための適切な施策を策定し、及びこれを実施する。
2　町は、教育活動、広報活動等を通じて、ウミガメの保護の必要性について町民等の理解を深めるよう努める。
（町民等の責務）
第3条　町民等は、ウミガメの保護に努めるとともに、町が実施するウミガメの保護に関する施策に協力しなければならない。

1条の規定からは、ウミガメが文化財的な意味を持つ（＝学術上高い価値を持つ）だけではないことが分かる。すなわち、美波町という地理空間に入るやいなや、ウミガメは単なる文化財（＝学術上高い価値を持つ物）であることを超えて、同町の「生態系」の要素となり、かつ「共有の資産」として守り・引き継いでいく対象になるのである。そして、そうした資産を保護・継承する責務が、美波町の住民にのみ課されるのではないことも一つの特徴だろう。「滞在者」＝同町を訪れる観光客たちにも、同じ責務が課されている。

このようにして、美波町では、人間とウミガメとの「関係性」にあらかじめ手を入れていた。このことが、第7章2で紹介した可変式保護区の背景にある。こうした「手入れ」を通じて、ウミガメは、無主物でもだれかの所有物でもない、特別な「物」として「生きられる」ようになっていた。もちろん、美波町という限られた地理的空間にいる限りにおいて、ではあるが。

3 中2階に棲むネコ――コモンズとしての地域猫

猫といえば、ノラ猫と飼い猫。ところが、そのどちらでもない猫がいる。ノラ猫が棲む1階と飼い猫が棲む2階の中間の〝中2階〟のような場所。そうした場所に暮らす猫たちがいる。「地域猫」。そのようにして「生きている」猫が増えているという。環境省の「住宅密集地における犬猫の適正飼養ガイドライン」（2010年）によれば、地域猫とは、

地域の理解と協力を得て、地域住民の認知と合意が得られている、特定の飼い主のいない猫

を指す。特定の飼い主がいないというのだから、だれかの所有物なのではない。その点では、ノラ猫に近い存在だろう。しかし、同じガイドラインによれば、それは、

その地域にあった方法で、飼育管理者を明確にし、飼育する対象の猫を把握するとともに、フードや糞尿の管理、不妊去勢手術の徹底、周辺美化など地域のルールに基づいて適切に飼育管理し、これ以上数を増やさず、一代限りの生を全うさせる猫

をいうとされている。それゆえ、地域猫については、所有者がいるわけではないが、それを飼育し、管理する者はいる（写真12－1）。

それでは、地域猫（という制度）はどのようにして「生まれてきた」のだろうか。その飼育管理とは具体的にいかなるものであり、どのような評価を得るに至っているのか。何やら気になる取り組みである。

（1）ノラ猫問題を捉える視点に「手を入れる」

写真12－1　餌を食べにきた地域猫
（提供：磯子区猫の飼育ガイドライン推進協議会（いそねこ協議会））

地域猫はいわゆるノラ猫問題を背景として生まれた。その問題の中身を大別すると次の二つになるという。一つは、糞尿による悪臭／発情期の鳴き声のうるささ／ゴミあさりや田畑の荒らし／家屋への侵入などの直接的なもの。もう一つは、ノラ猫への餌やりなどをめぐる地域住民間のトラブルを内容とする間接的なものである。そして、こうした問題はやがて地域の「社会問題」となり、ノラ猫の駆除やノラ猫への虐待行為などへとつながっていく。

こうした負の連鎖を何とかしたい。そんな思いから「地域猫」が生まれた。この言葉を初めて使ったのが、1999年に横浜市磯子区で策定された『磯子区猫の飼育ガイドライ

ン』である。そこでは、猫を、

〈飼育猫〉飼い主と居住場所が明確であり、主に特定の人からエサをもらい生活している猫

〈外猫〉特定の飼い主がなく、地域に住みつき人からエサをもらい生活している猫

〈地域猫〉このガイドラインに示されている「飼い主の遵守事項（外猫の場合）」に従って、地域で適切に飼育管理された猫

の3種類に分けて示した[8]。その上で、外猫を地域猫へと移行させていくことで、ノラ猫（飼い主のいない猫）を減らそうとしたものである。そのための活動が地域猫活動であった。

もちろん、磯子区の地域猫は一夜にして生まれたものではない。同区では「団地住民が責任を持ってノラ猫の面倒をみるという『みんなの猫』とその不妊去勢手術代を捻出するための『ねこバザー』」が1990年頃からすでに取り組まれていた。そうした活動を通じて、住民同士や行政と住民などの間での「対話」、つまりコミュニケーションが積み重なっていったという。

その過程で重要であったのが、問題を捉える視点への「手入れ」であった。具体的には、ノラ猫問題を、動物愛護の問題としてだけではなく、地域の生活環境問題として捉えることである。動物愛護の問題となると、価値観（の違い）が激しくぶつかり合うのが常であり、議論が平行線を辿りやすい。しかし、ノラ猫問題を地域の生活環境問題として捉えられれば、そこにコミュニケーションが生まれ

る余地がある。[9]

人間（の脳）とはおかしなもので、問題自体は変わっていないのに、そのラベリング次第で考え方や行動が変わってしまう。わたしたちは日頃、ストレスを避けたいと願って止まないが、張りのない生活もまた（暇すぎて）うんざりだと思うことも多い。ノラ猫問題をどう捉えるかも「ものの見方」次第ではないか。そうした柔軟な発想が、地域猫の生みの親となった。問題を捉える視点への「手入れ」。それが地域ネコという考え方が生まれるための胎盤となったのである。

このようにして生まれた、地域猫という考え方は、２０１０年代に入って、全国の自治体へと広がっていった。その呼び名は、京都市の「まちねこ」や名古屋市の「なごやかキャット」などさまざまであるが、いずれも、ノラ猫問題を、動物愛護だけではなく、地域の生活環境問題としても捉えるところに共通点を見出せる。

（2） 地域猫活動と「手入れ」の持続性

地域猫活動と混同しやすいのが、ＴＮＲ活動である。ＴＮＲ活動とはTrap & Neuter & Return の頭文字を並べたものであり、これら三つの言葉の意味がそのまま活動内容になるものをいう：Trap ＝捕まえて、Neuter ＝不妊去勢手術をして、Return ＝捕まえた場所へ戻すこと。これは、自然淘汰によってノラ猫の数を減らしていこうとする取り組みといえよう。

地域猫活動もＴＮＲ活動を基本としているが、不妊去勢手術をしたノラ猫を元いた場所へ戻して

「完了」とはならない。手術を施した後も、餌やりはもちろん、給餌場所・トイレの設置と清掃、頭数の把握、個体識別、健康状態の把握、それに、新しい飼い主探しなどの管理活動を継続的に行っていく。ＴＮＲ活動に比べて、「手入れ」の負担が大きく、時間も多くかかるものといえよう。一言でいえば、より持続的な「手入れ」を旨とするのが、地域猫活動であるといえる。

(3) 地域猫活動の評価

地域猫活動に対する評価は一様ではない。例えば、次のような指摘がなされてきた。地域猫活動はノラ猫の生息密度を低下させてはいるが、個体数を効果的に減らせてはいない[10]。地域猫活動では、1匹ごとに給餌量を設定しないので、給餌量が過大となり、猫たちが太りやすい[11]。地域猫の外観が飼い猫に比べて劣りがちである等々。しかし、その一方で、外観はさておき、地域猫の血液性状などは健康な飼い猫に比べて劣るものではなかったという研究結果もある[12]。

一口に「地域猫活動」といっても、その内容は千差万別であり、どのような活動を研究対象として選ぶかによって、その評価結果は変わってこよう。上に例示した研究結果は、「そのような結果となっているものもある」くらいに捉えておいたほうがよさそうである。

他方で、ノラ猫の頭数変化やその外観・健康状態とは別に、地域猫活動が人間関係の改善に役立っているという研究結果も示されてきた。例えば、横浜市磯子区内の活動については、「徐々に住民からの苦情が減少していき、中には、猫被害が減少したことへの労いの言葉をかけられるようになる例も、少なからず見られた」という。[13] また、別な研究では、福岡市における地域猫活動が、猫を通して人と人をつなぎ、相互扶助という福祉の基盤づくりに貢献しているとされている。[14]

確かに、地域猫（活動）がノラ猫問題の特効薬なのだ、とは言い切れないだろう。しかし、それは「生活環境等への被害防止と動物愛護の要請を満たす、現状とり得る数少ない選択肢」ではないか。[15] 気鋭の動物法学者である箕輪さくらは、地域猫（活動）をそのように評した。ここでは、この見解を支持したいと思う。

（4）コモンズとしての地域猫——責任を創り出す技法[16]

ところで、本節の冒頭で、筆者は、地域猫が飼い猫でもノラ猫でもないと書いた。所有物でも無主物でもないことになる。それでは、地域猫とは一体、何なのか。本章では、地域猫にまつわる若干の情報を提供してきたが、地域猫が「どういう物」なのかが今一つよく分からない。

筆者は、地域猫は「コモンズ」ではないかと考えている。コモンズとはcommonsという英語をカタカナ読みしたものであり、元々はイギリスの共同牧草地を表す。この言葉を一躍有名にしたのが、1968年に *Science* 誌に掲載された「コモンズの悲劇」という論文であった。[17] 日本ではコモンズは「共有地」と訳されることが多いので、「共有地の悲劇」という名でも知られる論文である。そこで示されたのが、

限りある資源を巡って人々が利己的に行動すると、共有資源の持続可能性が失われてしまう

といった基本認識であった。[18] すなわち、コモンズ（＝共同放牧地）は多くの人たちによって利用可能なので、一見すばらしいもののように見える。しかし、そこでは、それぞれの人が、自分の飼っている家畜に牧草をお腹一杯になるまで食べさせようとする（＝自身の利益を最大化しようとする）ので、牧草が食べつくされて（＝悲劇的な結果となって）しまう（図12－2）。だから、明るい未来のためには、土地は共有すべきではなく、わたしたち一人ひとりによって私有されるべきである。大雑把にいえば、この論文はそのように説いたものといえる。

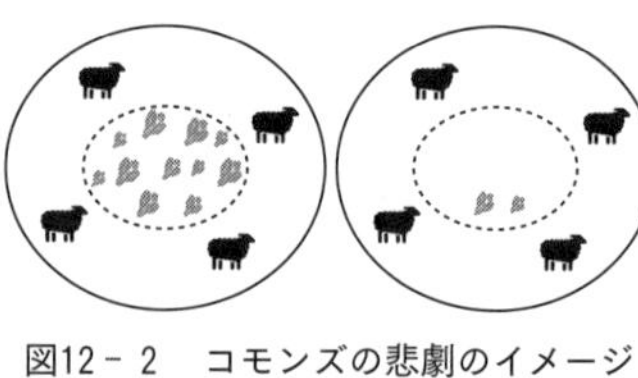
図12－2　コモンズの悲劇のイメージ

しかし、これに対しては、その後、世界各地で次々と反証事例が示され、コモンズ（共有地）は必ずしも「悲劇」的な結末を迎えるわけではないことが明らかにされてきた。例えば、日本の里山（とくに「入会（いりあい）」と呼ばれる地域の共有林）の経験が強力な反証事例となったことは広く知られている。そのため、現在では、コモンズという考え方は、悲劇というよりも、明るい未来を展望するのに用いられることが多い。

そして、コモンズなるものについては、その中身が拡大し続けている。「コモンズの悲劇」が一世を風靡した頃のコモンズといえば、それはみんなの「持ち物」となっている物理的な場所：イギリス

の共同牧草地や日本の入会などであった。[19] しかし、代表的なコモンズ論者である井上真は、コモンズを

自然資源の共同管理制度、および共同管理の対象である資源そのもの

と捉えてみせた。[20] この定義によれば、コモンズは「資源そのもの」に限られないことが分かるだろう。そこでは、そうした資源を所有する必要はない。その「管理制度」、つまり、管理に携わる人やそのためのルール（法やその他の取り決めなど）もがコモンズとみなされている。そうなると、市民農園のような（その土地を所有することなく借りているだけの）場所も「都市のグリーンコモンズ」などと捉えられるようになっていく。[21]

さらに最近では、コモンズは物理的な場所、つまり、自らの手足で直にふれられる場所に限られるわけではないとの考え方も台頭してきた。ウェブ上で自由に利用できる著作物や電波帯域、それにアイデアや知識によってつながれるコミュニティなどがコモンズとして扱われ始めている。[22] 例えば、

82、492、166本の自由に使えるメディアファイルを集積する、誰でも参加できるデータベースプロジェクト

へアクセスされたことはあるだろうか。そのウェブサイトは、自らが〝コモンズ〟であると名乗っている。「ウィキメディア・コモンズ（Wikimedia Commons）」。[23] 大学の講義などであれば、そのサイトに

掲載された画像を問題なく使えるだろう。こうした傾向を踏まえて、政治哲学者の宇野重規は、コモンズを

国家と個人の間にある種の中間集団が、ものを媒介に、内部に独自のルールと規範、および処罰の仕組みを持つことによって、公開性と透明性を持つ、自制的な秩序

と説明するに至った。[24]

ならば地域猫はどうだろう。それもコモンズといえるだろうか。まず、地域猫活動が、国家でも個人でもない「中間集団」であることや、ノラ猫という「ものを媒介」として成り立っていることは疑いない。また、「独自のルールと規範」については、多くの自治体が地域猫活動のためのガイドラインを定めている。さらに、地域猫活動団体は、その活動についての年次報告書などを作成していることが多いので、「公開性と透明性」という要件も十分に満たす。すると、この活動は「自制的な秩序」とみなせそうである。

地域猫を単なる「物」ではなくコモンズとして捉えること。それには、所有権に頼ることなしに、その管理責任を導き出せるという利点があるように思われる。例えば、大規模災害が起きた時に、地域猫はどうなってしまうのか。「自分の所有物ではないから（どうなっても）仕方がない」では無責任の誹りを免れないだろう。

では、自分の物ではなくても、「手入れ」を続けるという責任はどこから／いかにして導かれるの

か。その源泉を創り出す方法の一つが、地域猫をコモンズとみなすことである。自分の物ではないけれど、コモンズなので「持続的な管理」を行う。つまり、地域猫を里山のように捉えて、そこからもたらされる生態系サービスを意識しながら、不断の「手入れ」を行っていく。そうした考え方の先に、例えば、全国各地の地域猫活動団体に対して、災害時対応の体制確保を要請していくなどの実践がなされていくはずである[25]。

こうしたコモンズ由来の管理責任論は、キムリッカからの動物の権利論の強化にもつながるのではないか。キムリッカからの議論のうち、筆者は、「境界に棲む動物」になぜ〈居留権〉が認められるのかがよく分からなかった（第10章2（2））。しかし、本節へ至る過程で、次のように考えてはどうかと思うようになった。すなわち、そうした動物には純粋な物権が及ぶのではなく、コモンズとしての管理責任が発生すると考えればよいのではないか。ノラ猫は自ら進んで地域猫になるわけではない。人間が（勝手に）そうしただけであり、だからこそ人間が責任を負うべきである。別な言い方をすれば、ノラ猫へと「変異」するという、猫の「自然」的な性質を、人間が一部、引き受けたのが地域猫という考え方であり、また取り組みなのではないか。なので、「境界に棲む動物」とは、

それが有する「自然」的性質の一部を人間が引き受けて、コモンズ化したもの

と考えてはどうだろう。そうすれば、そこには、人間の責任とそれに基づく「手入れ」が欠かせないと説けそうである。

4　生態系サービスと「生きている」動物論

三つの「手入れ」の事例が示すように、動物たちは、生物学的な存在としてだけ生きているのではない。制度的な「手入れ」の結果として、彼ら彼女らは、人間との不断の関わりを基本とした社会的な存在としても「生きている」。では、なぜそのようにして「生きる」動物たちが少なくないのか。この問いへの答えを考えるに当たっても、生態系サービスという考え方が役に立つ。

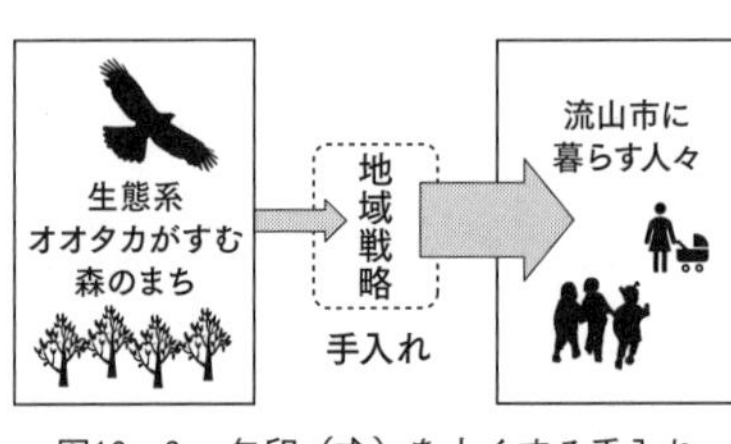

図12－3　矢印（⇨）を太くする手入れ

〈シンボル化と生態系サービス〉

オオタカのような特徴的な動物をシンボル化することで、生態系サービスの矢印（⇓）を太くできるかもしれない。すなわち、生態学的には、オオタカが棲めるような環境こそが豊かな生物多様性につながるといわれるが、それが人間にとってどのような意味・意義があるのかは分かるようで、分からないところがある。しかし、街のシンボルとなったならば、オオタカへの注目度は格段に高まるだろう。

そうすると、その生態学的な意味へも人々の関心が向かっていくのではないだろうか。流山市の地域戦略は、生態系サービスの矢印（⇓）を太くする

（太く感じさせる）という「手入れ」の一環として捉えられそうである（図12－3）。

〈資産化と生態系サービス〉

ウミガメの資産化は、複数の生態系サービス間におけるバランスのとり方と関わるものであった。日本の他の市町村では、ウミガメは文化財保護法上の天然記念物である（にすぎない）。しかし、それは、美波町という小さな地理的空間へ入るやいなや、天然記念物であることを超えた存在となる。すなわち、ウミガメは、条例に基づく「資産」としても存在するようになり、他の地域においてよりも大切に扱われる「物」として「生き始める」。

こうした制度上の「手入れ①」を済ませていたからこそ、美波町では、もう一つの制度的な「手入れ②」をスムーズに行い得たものと考えられよう。それが第7章2（1）で紹介した可変式保護区であり、そこでは、一つの海岸の使い方を季節や時間で変化させることで、特定の生態系サービス（海岸でのキャンプという文化的サービス）だけが過度に尊重されないような工夫がなされていた。生態系サービス間の調整に地域が自主的に取り組んだ事例であり、そこには、二つの「手入れ①②」が積み重ねられていたことが分かる（図12－4）。

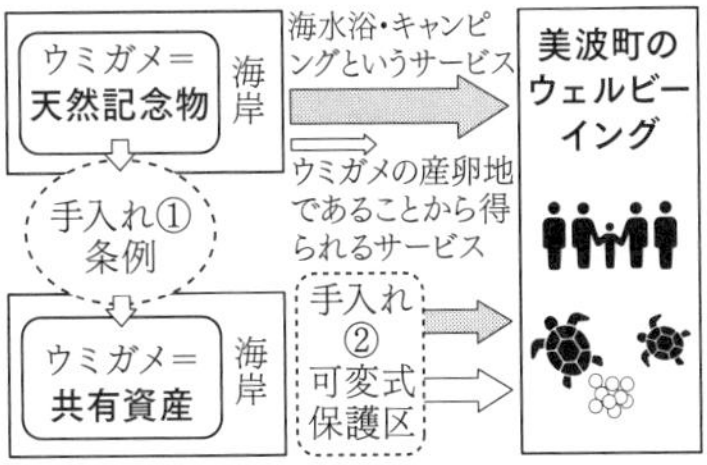

図12－4　美波町での生態系サービスの創出と調整

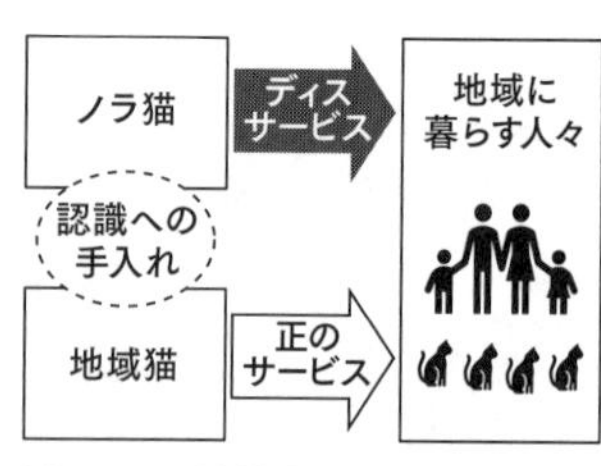

図12－5　地域猫活動によるディスサービスの正のサービスへの変換

〈コモンズと生態系サービス〉

地域猫という仕組みの導入を通じて、ノラ猫問題というディスサービスは、コモンズという正のサービスへと組み換えられたように見える。とくに、地域猫という考え方は、ノラ猫問題を「動物愛護」だけの問題ではなく、「地域の生活環境」問題としても捉えるための起点となっていた（本章3（1））。

ディスサービスを（正の）サービスへ変換するには、認識（ものの見方）への「手入れ」が効果的な手段であるかもしれない。地域猫活動には、その実践例としての参照価値があるだろう（図12－5）。

第Ⅴ部
時間に手を入れる

第13章　時間を味方につける——村上春樹へのオマージュ

動物や植物が息づき、その外界を環境（＝気候／水／土壌／人工的な建造物など）が取り巻く。そして、それらの関係性が「時間」の中でゆっくりと織りなされていく。生態系はそのようにして生成したとも考えられよう。[1]ならば、生態系を「創り出す」に当たっても、「時間」に手を入れるという営みが観念されてよいのではないか。なぜなら、そうした手入れによっても、生態系サービスの矢印（→⇒⬇）の長短や色合い、それに向きなどは変わっていくからである。では、「時間」に手を入れるとはどのようなことなのか。例えば、保護区の指定（第7章5（2））はサービス供給の時間を延ばすという意味で、そうした手入れであるともいえよう。しかし、以下では、もう少し身近な実践事例を紹介したい。「時間への手入れ」は、わたしたちのすぐそばでもなされている。[2]

1　時間によるサービス供給の調整

世界遺産。その言葉を聞いたことがないという方は少ないに違いない。これは、世界文化遺産条約

（1972年採択）[3]に基づいて登録される不動産（建造物群や自然地区など）であり、日本であれば、原爆ドーム（広島県）や知床（北海道）、それに小笠原諸島（東京都）などが登録されてきた。ある場所が世界遺産に登録されると、その存在はローカルなものから一気にグローバルなものへと変貌する。そして、昨今のSNSによる情報拡散も手伝って、世界的な観光地となることが多い。

筆者もかつて、知床世界遺産のオンネトー湯の滝の上流部を訪れたことがある。[4]そこにある〝温泉〟（のような自然の滝壺）に浸ってみたかったのである。滝登りの途中で、上流から歌声が響いてきた。どうやら日本語ではないようだ。数分の後、滝壺の壮観とともに視界へ飛び込んできたのは、輪になって合唱している（ヨーロッパ系の）観光客の一団であった。総勢20名ほど。その温泉には、他にも20名程度の人がいたが、すべて海外観光客であり、日本人は筆者とその家族だけであった。ヨーロッパ民謡の調べを耳にしながら、「ここは一体、どこなのだろう？（北海道のひなびた山奥だというのに、周りにいるのは外国人観光客ばかり）」と思ったことを覚えている。

ところで、世界遺産に登録された不動産を中心とする地域は、一つの広域「生態系」ともいえるだろう。この「生態系」が観光的価値の増大という文化的サービス（⇓）を地域社会へもたらすことは言うまでもない。しかし、その一方で、世界遺産への登録には、過剰開発とそれに伴って生ずる渋滞や喧騒といった、負の影響＝ディスサービス（⬇）が伴う。そうした課題に地域はどう応ずるのか。本節では、数年前に作られた宗像（むなかた）市（福岡県）の条例を紹介したい。この条例の意味・意義を読み解くカギとなるのが「時間」という概念である。

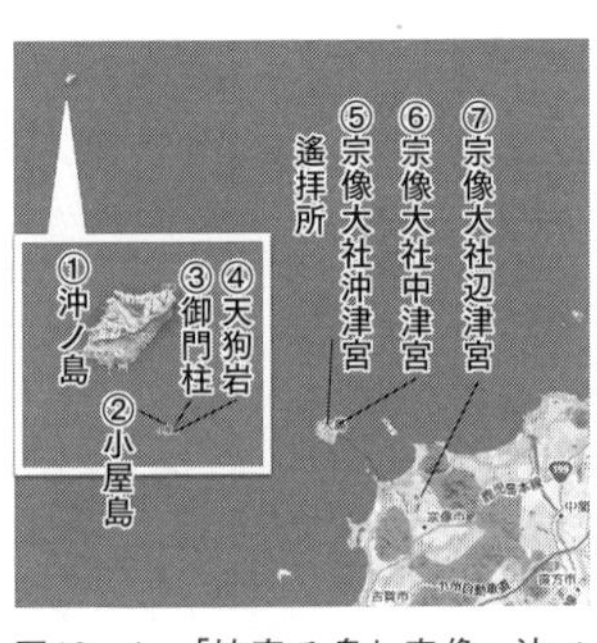

図13－1　「神宿る島」宗像・沖ノ島と関連遺跡群

(1)「神宿る島」にて——島で見聞きしたことを漏らしてはならない[5]

九州北部の玄界灘。本土から60キロメートルほど離れた場所に小さな島が浮かんでいる。沖ノ島という名の島であり、物理的に離れてはいるものの、そこは（九州本土にある）宗像大社の境内地である。この島では、4世紀頃からさまざまな祭祀が行われてきた。日本と朝鮮半島、それに中国大陸の間の「海の道」を通じた交流・交易の安全と発展を願ってのことである。そして、この島自体が御神体とされて、入島が原則禁止の状態となり、

島にあるものは一木一草一石たりとも持ち帰ってはならない
島で見聞きしたことを漏らしてはならない

といった厳格な禁忌がなされてきた。これにより、1600年もの間、島全体がほぼ手つかずのまま守られてきたという。

2017年7月、この島と関連する神社・古墳などが世界文化遺産に登録された（図13－1）。『神宿る島』宗像・沖ノ島と関連遺産群」である。遺産の中核をなすのは、沖ノ島（宗像大社沖津宮）（図中の①～④）であるが、次の四つがそれに関連する遺産群として認められた：沖ノ島を起源とする

信仰の場である宗像大社の中津宮と辺津宮（図中の⑥⑦）、古代の沖ノ島を管轄した宗像氏の墳墓群である新原・奴山古墳群（福津市）、それに、沖ノ島を遠くから拝むための宗像大社沖津宮遙拝所（図中の⑤）。「『神宿る島』宗像・沖ノ島と関連遺産群」とは、これらの五つが一体となったものをいい、図中の①〜⑦は宗像市内に位置している。

（2）宗像市での条例制定

この登録の翌年（2018年）の3月28日、地元の宗像市で1本の条例が制定された。基本理念や宗像市の責務、それに、世界遺産となった神社などの所有者の責務などを定め、遺産の「顕著な普遍的価値」を次の世代へ継承すること。それが、この条例の目的である（1条）。条例の名は「宗像市世界遺産『神宿る島』宗像・沖ノ島と関連遺産群基本条例」と長い。なので、以下では、単に条例、ないしは宗像市条例と呼ぼう。

なぜ筆者がこの条例に注目したのか。それは、そこに地域独自の「時間」感覚が反映されており、そうすることで、文化的サービスの供給量を調節しようとした意図が窺われるからである。宗像市が測ってみせた、「時間」的な間合いのようなもの。以下では、それを、条例とその解説書の中から汲み取ってみたい。

（3）複数の「時間」と生態系サービス

世界遺産は、「顕著な普遍的価値」[6]を持つ不動産（沖津宮、中津宮、辺津宮など）を守り、活用するための仕組みである。この「顕著な普遍的価値」という言葉は条例にも出てくるものの、そこでは、そうした価値が「最初からあるもんじゃない」ことが示されている。実際の条文を見てみよう。条例の前文では、

これまで宗像の地域における人々の生業や暮らし、自然環境によって形成されてきた風致や景観が［沖津宮、中津宮、辺津宮などの］顕著な普遍的価値に大きく寄与している

と書かれている（［ ］内は筆者による。以下同）。

このような認識はどのようにして育まれたのだろうか。世界遺産として指定されているのは、沖津宮、中津宮、辺津宮などの不動産、つまり〝建物〟である。しかし、それらの「顕著な普遍的価値」は、建物の色や構造などにのみ由来するわけではない。それらの建物とその外界としての環境（＝沖ノ島などに棲む生き物たちや地域の人々による不断の「手入れ」など）とが長い「時間」をかけて織りなしてきたもの。それが「『神宿る島』を中心とする生態系」であり、これこそが「顕著な普遍的価値」の源泉といえよう。この条例の特徴は、こうした「時間」感覚を〝あらためて〟示した点にあるように思われる。

こうした「時間」感覚の〝再〟認識が、生態系サービス供給のあり方と関連付けられていると考え

られる箇所。それが次の規定である。条例の6条1項では、「所有者の責務」と題し、

> 所有者は、所有権を有する構成資産を適切な管理のもとに保存し、かつ、その特性に応じて活用するよう努めるものとする

と定めた（傍点は筆者による。以下同）。注目すべきは、この「特性に応じて」という言葉が何を意味しているか、である。条例の解説書を読んでみよう。そこには、

> 構成資産のうち、厳格な禁忌による入島制限のもと神職以外は原則として立ち入ることが出来ないことで価値が守られてきた①沖ノ島 ②小屋島 ③御門柱 ④天狗岩（①～④ 沖津宮）と、古来多くの人々が集い神事や祭祀の中心的役割を果たしながら価値を守り継いできた⑤沖津宮遙拝所 ⑥中津宮 ⑦辺津宮では、その特性が異なります。このため、特に活用という面から見るとこれらの構成資産を画一的に捉えることは出来ませんので、「特性に応じて」という言葉を使って定めています

といった説明がなされている[7]（図中の番号は図13－1と同じ）。同じ一つの世界遺産といえども、神宿る島（①～④）と関連遺跡群（⑤～⑦）では、それぞれの特性が違う。別な言い方をすれば、それぞれの不動産（とその周囲の環境）が長い「時間」の中で織りなしてきたものが違うということだろう。だから、①～⑦のすべてを同じように活用するわけにはいかない、というのである。となると、この条例は、「時間」をカギ概念として、観光という文化的サービスの供給量を調節しようとしているよ

うに見える。具体的には、次のように説明できるのではないか。

（4）「時間」の遅速とその調整

世界遺産への指定。それによって、「『神宿る島』を中心とした生態系」から供給される文化的サービスは激増するだろう。そして、膨れ上がったサービスは国境の外へあふれ出し、世界中から観光客を呼び寄せるフェロモンとなる。

そのようにして集まってきた観光客たちが纏う「時間」は、どのようなものか。それは、かなり刹那的なもののように思われる。すなわち、彼ら彼女らは、休暇という、限られた「時間」を有効利用するために、できるだけ効率よく世界遺産を巡りたいと思うだろう。その思いに応えるには、交通網や宿泊施設などの整備が必要となる。他方で、人が多数集まるところには喧騒が付きものであり、そうしたディスサービスの増大も相当の確率で見込まれよう。

こうした観光的な「時間」に、地域の人々は身を委ねるわけにはいかない。地域の人々は、それとは別の「時間」を生きているからである。「『神宿る島』を中心とした生態系」は、世界遺産に登録されるよりもずっと前から、ゆっくりとした「時間」の中で織りなされてきた。それは、その一帯に流れる「時間」をも含んだ全体的なものだろう。世界遺産として登録される不動産は、そうした全体的なものの一部にすぎない。

それでは、「その一帯に流れる時間」とは何か。それは「場所の記憶」である。その場所に対する、

現在　未来

そこに流れる長い時間
「場所の記憶」
※人々の想い
※手入れの積み重なり

観光客の時間

図13－2　二つの時間の遅速のイメージ

地域の人々の思いや「手入れ」の積み重なりといえば分かりやすいだろう。観光客はそうした記憶を纏ってはいない。観光客は世界遺産と名付けられた不動産を通じて、「その一帯に流れる時間」をイメージするのみである。過去という「時間」への思いを馳せるといってもよいかもしれない。そうした一瞬を味わいたくて、これだけ多くの人々が世界遺産へ群がるのである。「その一帯に流れる（長い）時間」（＝「場所の記憶」）を、観光という「短い時間」の内に凝縮して体験すること。これには、わたしたちの脳にアドレナリンを放出させる機能があるらしい（図13－2）。

世界遺産（登録）をめぐる過剰開発などの課題の背景には、こうした長短の時間の存在とその衝突があるといえるのではないか。ならば、これらの時間の遅速の調整が必要となろう。この調整を行ってみせたのが、宗像市条例のように見える。

2　ちょっと前の時間――時間の複数性とその重ね合わせ

次いで紹介したいのが、筆者の「現在」の地元での実践事例である。そこでなされたのは、時間を巻き戻すことであった。「少し前の時間」。そして、それを今の時間と重ね合わせる。そのようにして、新たな「生態系」や生態系サービスを創り出そうというのである。

(1) 舞岡公園(横浜市)について

環境社会学者の松村正治が、「明らかに時代を先取りしていた」と評した空間。[8] そんな場所が、横浜市の南西部に広がっている。舞岡公園。この公園は、行政区としては同市戸塚区に位置し、いわゆる谷戸(やと)の景観を活かした都市公園である。指定面積は30ヘクタール(東京ドーム約6・5個分)。典型的な広域公園といえよう。

図13－3　谷戸のイメージ
(イラスト提供:認定NPO法人 舞岡・やとひと未来)

なお、谷戸については、舞岡公園ウェブサイトに掲載されているイラスト(図13－3)を見てもらいたい。その上で、次の説明を読んでいただくと、イメージが浮かびやすいように思う。

関東平野と呼ばれる一帯は、実はそのすべてが平坦というのではなく、なだらかな丘陵になっているところもけっして少なくありません。丘の上には畑や雑木林、細長く入り組んだ低地には水田が並ぶといった風景が、どこでも見られました。ただしその谷の地形については、地方によって様々な言い方がされてきました。とりわけ多摩丘陵から三浦半島にかけては、そういった地形が多くみられ、一般に谷戸(やと)と呼ばれてきました。谷戸は神奈川から東京、さらに埼玉あたりにかけて聞かれる呼称です[9]

この公園は1993年に開園したが、公園予定地では1983年から「まいおか水と緑の会」という地元の住民団体が、休耕田の復元や雑木林への手入れ、それに農芸活動や環境学習などを精力的に行っていた。おかげで、舞岡公園の施設整備や管理運営方法をデザインする際にも、そうした市民活動の経験が役立ったという。そして、この公園の一部の管理・運営は、今でも、市民団体（上に述べたものとは別の団体である「認定NPO法人 舞岡・やとひと未来」）に委託されている。

（2） 時間の巻き戻しと生態系サービス

このようにして形成された舞岡公園には二つ大きな特徴があるという。一つは、上に見たように、「市民が計画から運営に至るまで公園づくりに深くかかわり、これまで柔軟性に乏しかった「公園という」「施設」が、多様な人びとの活動する場となった」ことである。そしてもう一つが「都市近郊にあって貴重な里山景観を残し、市民が農作業を楽しめること」であるという。ここで注目したいのが、二つ目の特徴が見出された経緯である。該当箇所を松村論文からそのまま引用しよう。

> 舞岡公園は、一九八四年に基本計画が立案され、「周辺農地や森林と一体化した特性を生かし、市民が生産の喜びを体験でき、田園風景にひたれるような、失われた少し前の時代の横浜の郷土文化を残す公園」と位置づけられた[10]

傍点を入れた部分を読めば明らかだろう。舞岡公園で希求されているのは、大昔の横浜ではない。かといって、ずっと先の未来の横浜でもない。「少し前の時代」の横浜である（写真13-1）。つまり、「ちょっと前の時間」へと時間を巻き戻す。それにより、「生産の喜びを体験し、田園風景にひた

写真13－1　秋の舞岡公園
（写真提供：横浜市環境創造局南部公園緑地事務所）

［る］」という「人間らしさ」を回復する。そうした形の生態系サービスが「舞岡公園という（少し前の時代の）生態系」からもたらされることが期待されているのである。

（3）時間の複数性の中で

舞岡公園の事例から気がつくのは、時間が一つではないこと。つまり、それが複数あるという認識を持てることである。このことは、多くの論者によって気づかれ、また指摘されてきた。例えば、美術史家のアンリ・フォシヨンは、「［時間は］世界中のあらゆる場所で同一に進んでいるのではなく、……［それぞれの場所で］それぞれ異なる時間の軸を編んでいる」と述べる[11]。そのように述べた上で、フォシヨンは、

現在は、ある時間と別の時間の干渉からうまれてくる

と説いた[12]。確かにそうであり、人間は、他の人や地域や国の「時間」に干渉されつつも、そこから学んで自らの現在（＝今の時間）をデザインしているといえよう。フォシヨンが例として挙げたのが、20世紀初めのアフリカ彫刻と出遭った、ヨーロッパ美術であった。そして、そのフォシヨンの言説を引用しながら、美術・建築批評家の多木浩二は、同じような「時間」の結合が、西洋の建築術に出遭

った日本の明治以降の建築にも見られるとしている。[13]
横浜市が舞岡公園を舞台にめざした「ちょっと前の時間」も、こうした時間の複数性という議論の上に位置づけられるのではないか。多木浩二の言葉をさらに借りよう。

退行を許容する［ことで］もっとも生き生きとした現在［を創り出す］[14]

舞岡公園の生成はまさに、そうした営みのように思われる。実際に訪れてみると、公園を取り巻くのは、横浜という典型的な大都市の姿であり、その空間は「今の時間」であふれている。しかし、「ちょっと前の時間」で満たされた、舞岡公園という空間がそれに隣接して存在することで、わたしたちは二つの空間と二つの時間を行ったり来たりすることができる。そして、そうすることで、わたしたちの心身に、何やら「生き生きとした」もの（ウェルビーイング（福利）の一種だろう）が沸き起こってくる。
時間は単なる「計測の道具」ではない。[15] それには、空間の性質を変化させたり、重ね合わせたりする機能が備わっている。「舞岡公園という（少し前の時代の）生態系」は、そうした時空間の関係性の中から立ち現れたものといえよう。もちろん、その前提には、時間の複数性という認識が（無自覚的ではあれ）存在していたものといえる。

3　時計の時間を無視する

流山市（千葉県）の『生物多様性ながれやま戦略』のナラティブ（第12章1）を覚えているだろうか。「オオタカがすむ森のまちという生態系」から、さまざまなサービスが生まれ、地域の「子どもたちの未来」が明るいものとなっていく。このような〝感覚〟を、生態系サービスや「生態系」成立試論のような考え方で、後付けで説明することは容易い。しかし、流山市では、そもそもどのようにして、そうした〝感覚〟を持てたのだろうか。この問いに対しては、「時間」の観点からもう少し深いレベルでの考察ができそうである。

時計が指し示すもの。わたしたちは普段、そうしたものを「時間」と捉えていることが多い。しかし、社会学や哲学などでは、それとは違うもう一つの「時間」概念が示されてきた。カイロス的時間。そのように呼ばれる時間である。これは、

時計がいつを指し示そうともいまが然るべきときである（傍点は引用ママ）

という時間の捉え方であるという[16]。いきなりそう言われるとまごつくが、

過去から未来へと一定速度で流れる……客観的で定量的な時間［ではなく、］速度が変わったり繰り返し

たり逆流したり止まったりする、主観的で定性的な時間

であると言われれば、ちょっとだけ具体的なイメージを持てるかもしれない。[17] 社会学者のジョン・アーリによれば、カイロス的時間の根底にあるのは、

> いついかなるときにある特定の出来事が起こることになるのか、〔また、それは〕時宜に適っているのか〔。そうした諸点〕に対する感覚を高めるために、過去の経験を生かすこと

であるとされる。[18]

この時間概念を踏まえて、流山市における戦略策定の経緯を見てみるとどうか。そうした戦略を策定し得た背景には、市民運動によってオオタカが生息する森を開発から守ったという「過去の経験」があった。そうした「過去の経験」を「いまが然るべきときである」として「生かす」ことにしたのが、「生物多様性ながれやま戦略」であったように見える。

この戦略ができたのは２０１０年であった。生物多様性という考え方に基づく、市町村レベルでの制度的な「手入れ」としては先駆的なものであったといえよう。[19] 他方で、その当時は「なぜオオタカをシンボルに？」という意見は当然あっただろうし、横並びが好きな日本の文化の中で、こうした内容の戦略を他の自治体に先駆けて打ち出すことには多少の勇気が必要だったかもしれない。しかし、当時の流山市にとっては、「いまが然るべきとき」であった。カイロス的時間感覚の産物。あるいは、

時計の時間を無視した英断。そのように形容してもよいかもしれない。

4 反省と自省——人間と自然のもう一つの境界

宗像市や舞岡公園、そして流山市の経験に共通する「時間」的な要素があるとすれば、それは何か。筆者は、それが反省ないしは自省という人間の能力ではないかと考えている。

(1) 過去には未来を変える力がある

わたしたちは、現在のほかにも過去という時間軸を観念し、その中へ潜航することができる。一般に、反省や自省と呼ばれるものであり、なぜ人間がそのようなことをできるかといえば、

ここにはもういないこと、しかしかつて確かにいたということ、すなわち不在を認識できるからであろう。[20] その典型的な営みが、自分や他者の記憶や体験等を記した文献を「読む」という行為であり、「読む時間は反省の時間……を含む」といわれる所以である。[21] わたしたちは読むという作業を通じて過去を振り返り、未来がどうなりそうなのかを考えていく。[22]

ただし、人の記憶や体験等を記す先は、文献だけではない。絵画や彫刻、それに建造物などにも、それらは刻み込まれる。そこに瞬間冷却された〝時間〟は、後世の人々に「読まれる」ことで解凍さ

れてきた。そして、反省や自省を（後世の）人々の内側に呼び起こしていく。例えば、歌川広重の代表作『大はしあたけの夕立』（1857年製作）をじっと見つめ、そこに刻み込まれた時間を読み取ろうとしたのは、ゴッホだけではない。ポーランド出身の詩人、ヴィスワヴァ・シンボルスカ（1996年にノーベル文学賞を受賞）もまたこの絵に接し、次のように詩ってみせた。[23]

奇妙な惑星とそこに住むこの奇妙な人々
時間に支配されているくせに、それを認めたがらない
自分の異議を表現する方法を持っている
彼らは絵を描く、たとえばこのような
［……］
ここでコメントなしで済ますわけにもいくまい
これは無邪気な絵などではまったくない
ここでは時間が止められ
時間の法則も尊重されなくなっている
時間は出来事の進展に影響を与えられなくなり
軽視され、侮蔑されている

『大はしあたけの夕立』
歌川広重

1857年に歌川広重が瞬間冷凍した時間。それが、100年以上経った後に、シンボルスカによって解凍されて、（今この瞬間を生きる）わたしたちの反省や自省を促している。

こうした反省や自省を通じて、「それぞれの世代は自らの継承した自動性をかなりの程度まで再び変え」てきた。[24] 過去という地層の中に眠る「失われた選択肢」（後述）を発掘するという作業（本章末コラム「歴史は古くならない」）はそのための営みである。そうした選択肢を発掘して、想像力を解き放った先に、法や政策の見直しのような社会実践が生まれてくる。そのようにして「時間に手を入れる」ことで、わたしたちは、未来を変える可能性を高めてきた。未来は不確かなものではあるが、それは（ある程度は）変えられるものでもある。

人間は、「未来に向かって現在を組織化する能力」[25] を持つ。社会学者の真木悠介はそのように述べた。来るべき未来から、今何をなすべきかを逆算する能力とでもいうべきものであり、そこには想像力が欠かせない。現在を踏み切り板として、どこまで飛べばどのようになるのか。それを想像していくことになる。そして、想像力を行使するに当たって重要になるのが、過去をどう扱うか、だろう。なぜなら、未来は「過去においてそうすべきだったのになさなかったことの集積」だからである。[26]

(2)「時間を味方につける」とは?

アメリカの著名な生物学者・神経科学者であるロバート・サポルスキーによれば、

明日、明後日、そしてその先の未来があるという独特の象徴的概念の認識で、人間は不満解消のための長期的努力を維持できる。遠い将来にくるかもしれない報酬による快感の期待など、他の動物は一切し

ない

という。[27] 未来を見据えた努力は、「自然界では単なる徒労にみえ」てしまうのかもしれない。[28]

これに対して、本章で垣間見たように、わたしたちは時間への「手入れ」を行うことで、生態系サービスの矢印（↓⇓⬇）の向きや色、それに太さや長さなどを変化させてきた。そのための「能力」が、反省や自省であり、これを用いて、「時間を味方につけ」ようとしてきたものといえよう。この「時間を味方につける」というフレーズとは、小説家の村上春樹のエッセイ集の中で出遭った。

時間を自分の味方につけるには、ある程度自分の意志で時間をコントロールできるようにならなくてはならない。時間にコントロールされっぱなしではいけない。それではやはり受け身になってしまいます

それが当該箇所である。[29]

宗像市や舞岡公園、それに流山市でなされてきたのは、いずれも「時間を味方につける」ことであったように思われる。そこに共通するのは、次のような要素であるだろう。

時間を遡る。場所の記憶を探し当てる。他者の時間と調整する。これらを地域主導で行う

そのようにして、受け身にならずに、自分たちなりの「生態系」を見出し／創り出し、そして、持続可能な方向へ生態系サービスの矢印（↓⇓⬇）をデザインしていく。そうした営みが不断に、かつ地

道になされていたものといえる。

時間を「共に過ごし」ながら、生態系サービスの考え方を用いて、自然との「間合い」を測っていく。そして、機に応じた「手入れ」を行う。[30] ここに、時間と生態系サービス、そして手入れが融け合う未来が浮かび上がってくる。

歴史は古くならない[1]

新しさを見つけ出すための方策が二つある。一つは、「過去は過去として葬り、新しい道をみつける」こと。[2] もう一つは、過去を振り返ること。本書なりの言い方をすれば、過去という時間に「手入れ」を施すこと。そのようにして、わたしたちは新しさを見つけてきた。

過去を正す。あるいは、暴く

わたしたちの暮らしは、まことしやかに書かれたり／話されたりしている何かにあふれている。それらを疑ってみよう。猜疑心とは異なる良性の疑念。それを携えて、常識と呼ばれてきたものを今一度まっさらな気持ちで眺めてみる。すると、何かに引っかかったような感じを受けるかもしれない。釣りでいうところの「当たり」である。その「当たり」を信じて、過去を丹念に辿っていく。すると、真実（らしきもの）が顔を覗かせてくれるかもしれない。

最近読んだものの中では、彫刻家／彫刻研究者である小田原のどかの「空の台座」という論稿と日本近現代文学（障害者文化論）を専門とする荒井裕樹の『凛として灯る』（2022年）が興味深かった。[3] 紙幅の関係で前者だけをごく簡単に紹介したい。そこでとり上げられていたのは次の問いであった。なぜ日本の街中に〝女性の裸体像〟があふれるようになったのか。歴史を遡りながら、その答えを探していく過程はスリリングである。過去を正すというよりは、過去を暴くことで、今のわたしたちの立ち位置を再確認させてくれる作品といえよう。

このようにして時間を遡っていく中で、唯一ではない複数の過去が示されていく。[4] 歴史は単一的なものではないし、直線的なものでもない。それが示されることで、わたしたちは「いまある表現や出来事に対して……冷静であ」り続けられる。[5]

「失われた選択肢」を掘り起こす

「失われた選択肢」。印象的な響きを持つ語句であり、小説や映画のタイトルのようにも聞こえるが、そうではない。これは、資源学者である佐藤仁の著書『「持たざる国」の資源論』（2011年）に登場するフレーズである。[6]

わたしたちは過去にある選択をした。だから今ここにいる。それでは、その選択をした時に選択肢は一つだけだったのか。そうではないだろう。選択肢はいくつもあったはずである。その中には、実際に選ばれた選択肢よりも合理的なものがあったかもしれない。あるいは、当時はそうではないとして切り捨てられたものの、今の状況にはよりフィットするような選択肢もあったのではないか。

こうした「失われた選択肢」は、過去という地層に埋もれている間に分解されて跡形もなくなってしまうようなことはない。それらはアイデアなので、時間が経っても傷んだり・腐ったりしない。過去という時間の中で休眠しているだけである。「アイデアがない」のではない。アイデアは豊富にある。それは歴史の中に埋もれて、目につかない状態になっているにすぎない。だから、過去という時間へ手を入れる。時間という地層に埋もれたアイデアを掘り起こす。そうすることで、選択肢の幅は格段に広がるだろう。『サピエンス全史』で世界を席巻した歴史学者のユヴァル・ノア・ハラリも次のように述べる。

> 歴史を学んでも、何を学ぶべきかはわからないだろうが、少なくとも、選択肢は増える[7]

情報過多は困りものだが、「手入れ」のアイデアは多ければ多いほうが良いだろう。なので、「失われた選択肢」を掘り起こすという作業は、単なる懐古趣味ではない。それは極めて実践的な営みである。どれくらい実践的なものなのか。『「持たざる国」の資源論』や第5章で引用した『人新世とは何か』などを手に取っていただきたい。きっとそのように感じてもらえると思う。

第14章　人と自然の関係についての覚書

学者が書いた本。その最終章では、それまでに長々と書き連ねてきたことを振り返っている場合が多い。ここでは、前章までに使われたのとは少し〝別な種類の言葉〟を使って、同じ作業をしてみよう。具体的には、法学者が使っているのとはやや異なる雰囲気の言葉を使ってみること。それにより、この本が法学者によって書かれているという呪縛から少しだけ解放されるかもしれない。また、前章までの内容の中に、何か別な新しさを見出せる可能性もある。

1　風変わりな振り返り

大学院に入った頃（1991年）だったと思う。『野ウサギの走り』（1989年）と出遭い、バリ島（インドネシア）の魔術の話に惹きつけられた。この本は、文化人類学者である中沢新一の論文集・エッセイ集であり、当然ながら、筆者の専門（法学）とはあまり関係がない。がしかし、当時の筆者は1年近くのインドネシア留学（実際には、現地の友人たちとジャカルタの街で遊び惚けていた）から戻ったばかり。そのせいか、中沢との間に共通感覚のようなものを感じられたのである。

その話の中で使われ、以来ずっと筆者の頭の片隅に残り続けていたフレーズ。それが「奥行きだらけ」であった。中沢は「チャロナラン」というバリの舞台劇を観ながら、ニョマン（バリ人のツアーガイド）に尋ねる。「どうしてジャングルにひそんでいる力は邪悪でなければならないのですか」と。それに対するニョマンの答えはこうであった。


その力が見えないからだ。ウブドの美術館にいっしょに行ったとき、バリ人が描いたたくさんのジャングルの絵を見ただろう。そのとき、あなたはこう言っていたね、ジャングルにはまるで奥行きがないっていうか、ぜんぶ奥行きだらけみたいだってね[1]

奥行きだらけ。これこそが現代の自然、つまり〝生物多様性〟なるものの本質ではないだろうか。生物種の数は「知られている」だけで180万種以上。推定種数となると数千万とも数億ともいわれている（第1章3（2））。そして、そうした生き物たちの棲み処たる生態系。それらもまた多様であること極まりない（第6章2）。さらに、生物多様性の確保とは「変異性」の発揮を邪魔しないこと（生物多様性条約2条）なので、自然は時にか弱く、また別な時には「妙に元気」にといったようにして、人間を右往左往させてやまない（第1章1および2）。

こうした「奥行きだらけ」の生物多様性（という考え方）の下で、わたしたちは、〈生き物たちを絶滅させてしまう不安〉と〈自然に追い込まれていく不安〉を抱くようになった（第2章2）。それらの不安を軽減するための「遠近法」。そのようなものとして現れたのが〝生態系サービス〟という考え方（第3章）であったように思われる。ニョマンは先の答えに続けて、次のように述べていた。

そのとおり。ジャングルを絵に描くには、あなたたちみたいに遠近法という描き方をつかってはだめなのです。遠近法はものを見えるようにするというか、眼が見ているものを頭でわかるようにする。そうやって、見えないものを見えるようにするでしょう

そして、見えないものを見えるようにする。こちらは、〝生態系サービス評価〟という営み（第5章）と重なってこよう。

すると、人と自然との関係は、「奥行きだらけ」の世界と「遠近法」の世界。この二つの世界観で捉えられるものだろうか。あるいは、そのせめぎあいの中でかろうじて捉えられそうと言うべきか。そうかもしれないが、「奥行きだらけ」は、わたしたち一人ひとりの中にも存在している。「奥行きだらけ」としての〝想像力〟（第6章4（2））。これを、人と自然との関係という平面の上で使っていこう。そのように説いたのが、「生態系」成立試論であった（第6章3）。生態系は「最初からあるもんじゃない」。それどころか、次から次へと無限に「創り出されて」いくものでさえある。都市果樹園（エディブル・シティ）という生態系（第6章3（3））、大学通りという生態系（第9章3）、ノラ猫が地域猫として生きるようになった生態系（第12章3）等々。

この〝想像力〟を解き放ち「生態系」成立試論を実践していく。それにより、「遠近法」の拘束か

ら逃れ、「奥行きだらけ」の〝生物多様性〟の世界の豊饒さと気ままさに暫し身を委ねられる。そうすることで、わたしたちは生気を取り戻すだろう。横浜市民が舞岡公園という「ちょっと前の時間」で満たされた生態系（第13章2）を訪れて鋭気を養うように。

ただし、「奥行きだらけ」の世界は、必ずしも穏やかで平和な空間ではない。むしろ、そうした空間ならではの喧騒と論争に満ちている（第6章4（1））。なので、〝生態系サービス（評価）〟などの「遠近法」を頑なに拒むよりは、それらも上手く使っていこう（第5章5（4））。そうやって、さまざまな顔を見せる自然との「間合い」を測り、時宜に適った「手入れ」を行っていってはどうか。参考になりそうな実践事例はいくつもあるのだから（第5章から第13章まで）。

少し〝別な種類の言葉〟を使うならば、本書ではこのようなことを述べてきたように思う。前章までに使ってきた法学の言葉よりも何だか分かりやすい。あるいは温もりのようなものが感じられたのは、筆者だけだろうか。それはさておき、振り返りはこれくらいにして、ここからは、人と自然との関係について、少しだけ想像力を解放してみたい。読者にそうせよと言ってきたのだから、自分も率先してそうすべきである。これからの人と自然との関係はどうあるべきか。そのテーマについて、いかなる点をもっと掘り下げていけそうか。

2　贈与と返礼――エコロジカルな贈与論へ向けて

一人ひとりが自分のパワー（権力）を少しずつ手放す。そして、それを超越的な第三者である国家に集中させる。そうすれば、人と人が争い続ける状況に終止符が打たれる。政治哲学者であるトマス・ホッブズ（1588-1679）はそのように説いた。ナイーブな議論ではあるが、なぜ人間が国家を作るのかについて、最もよく知られている説明の一つといえよう[2]。

それでは、人と自然とが共に国家を作る。そんな未来はやって来るだろうか。荒唐無稽。馬鹿げている。問い自体があり得ない。いろいろな反応がありそうだが、少なくともホッブズ的なやり方で国家を樹立するのは難しいだろう。なぜなら、自然は自分のパワーを手放しはしないからである（というか、手放す／手放さない以前にそのような意図を観念できない）。なので、とりあえずは、人と自然とは共に国家は作れないとしておく。その上で、この両者の関係がどのようなものであり、いかにあるべきかについて考えてみたい。

本書では、人と自然との関係を措定するために、次の二つの言葉を連呼してきた。「生態系サービス」と「手入れ」。この二つの言葉はどのような関係にあるのだろう。サービスを受けたら手を入れる。なるほどと思えるかもしれないが、サービスと手入れの関係は、そのような形で一般化されてはいない。

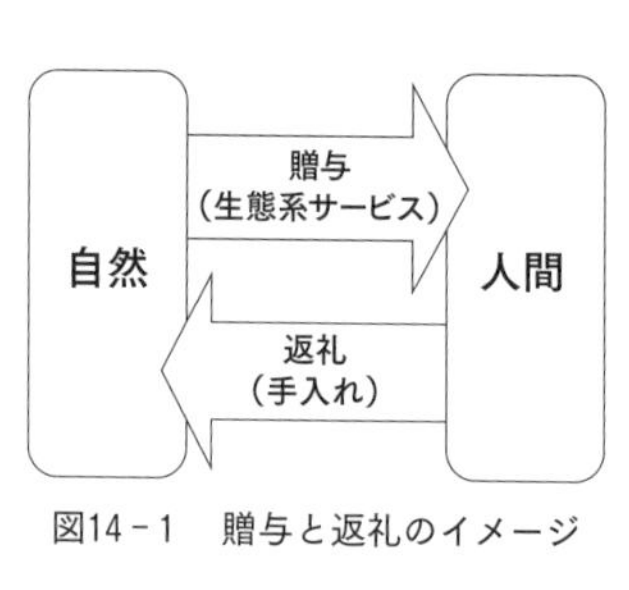

図14－1　贈与と返礼のイメージ

ならば、生態系サービスを「贈与」、手入れを「返礼」と捉えてみてはどうか（図14－1）。わたしたちの日々の暮らしでは、何かを贈られたら、それなりのお返しが必要になる（ことが多い）。マルセル・モース（1872－1950）やクロード・レヴィ＝ストロース（1908－2009）といった知の巨人たちが解き明かしてきたように、人間社会は、贈与と返礼を基本として成り立ってきた。[3] 成り立ってきたとは、他者と「共同的に生きて」きたという意味である。[4] 共生と言い換えてもよいだろう（国家のような第三者が不在なままで、社会秩序を維持する（＝他者と共生する）ことはできるのか。そう問うたところに贈与論の意義がある）。[5]

だとすれば、（共に国家を作る余地のない）自然との共生に際しても、基本的なルールとなるのは贈与に対して返礼を欠かさないことではないか。すなわち、生態系サービスという贈与に対して、返礼としての「手入れ」をしていくことではないか。「見上げ、見下ろされるのではない。向き合うことに意味がある」[6]。人と自然との関係もそのようなものではないかと思う。

それでは、これまでの贈与論を、人と自然との関係の平面へと横滑りさせられるだろうか。筆者にはまだよく分からない。例えば、生態系サービスはいつでも人間の福利を高めてくれるわけではない。ディスサービス（例：花粉症）も少なくないし、過剰サービスにより人間が追い込まれていく事態も増えてきた（例：鳥獣害）。そうした矢印の多彩さ（↓⇓⬇⤵↘）はどう扱えばよいのだろう。また、生態系サービス評価という営みや「生態系」成立試論などを、図14－1の中に、返礼としていかに位置づけていくかも悩ましい。行く先々に困難が待ち受けているように見える。

おそらくは、これまでの贈与論を下敷きにしつつ、〝エコロジカルな贈与論〟のようなものを構想していくことになるのではないか。中沢新一の『日本の大転換』（2011年）や、哲学者である岩野卓司の『贈与論』（2019年）、それに政治学者である中島岳志の「受け取ることの存在論」（2022年）など、羅針盤となってくれそうな先行研究は少なくない（筆者が知らないだけで、もっとたくさんあるだろう）。その沃野から育った若い研究者たちが専門領域の壁を軽やかに乗り越え、だれもがアッと驚くような論を展開してみせる。そんな未来を俟ちたい。

3　往復運動としてのサステナビリティ——疲れすぎてはならない

サステナビリティ（持続可能性）。さまざまな意味を持たされてきた言葉であるが、それは生態系サービスの矢印（↓⇓⬇）が細くなったり、途切れたりしないこと。そう考えると分かりやすい。本書ではとりあえず、そのように説いておいた（第3章2（2））。自然からの贈与を途絶えさせないこと。そういうことになる。しかしそれだけだろうか。返礼としての手入れの側から考えてみるとどうだろう。手入れを続けられる状態こそがサステナブルであるともいえそうである。

養老孟司は、その著書『手入れという思想』（2013年）の中で、自然へ「手入れをしても（人間の）思うようにはならないけれども、手入れをしていくと、どこかある適当なところで「おさまる」と書いた。[7] 確かにそうだとは思うが、「おさまる」のは一瞬であるに違いない。

　なので、ここでは、贈与（生態系サービス）と返礼（手入れ）の関係を、〝循環[8]〟ないしは〝往復運動[9]〟といった言葉で捉えてみたい（以下、往復運動）。これを活性化させ、続けていく。それがサステナブルな社会ではないか。そう考えれば、人と自然との「共生」とは、単に向き合うのではなく、〝向き合い続ける〟こととなる。そして、その向き合い方も、時に抗ってみたり、また別な時には伴走してみたり、といった多彩かつ真剣なものとなるに違いない。

　こうした社会が、サステナブル（＝持続可能）な社会だとすれば、それは牧歌的なものではないだろう。ディスサービス（第3章3（1））や人新世（第1章1）といった要素を加えるならば、何やら不安で、時に緊張感に満ちた関係が続いていく。それが、自然との「共生」の実相ではないか。

　だとすれば、この往復運動を続ける中で、わたしたちは消耗しすぎないようにすべきである。わたしたちは、そのことを念頭において、「手入れ」のあり方を考えていかねばならないだろう。具体的には、「手入れ」を通じて、サービスの量や遅速、つまり矢印（↓⇓⬇）の長さや太さ、それに色や方向などを調節していく（第4章）。人新世に生きるわたしたちは、自らが手にした巨大な力を賢く使わねばならない。疲れすぎずにサステナブルでいられる＝往復運動を続けられるかどうか。それは、逆向きの矢印（↑）を賢く設計できるかどうか、にかかっているといえよう。

4　矢印（↑）の設計指針――包みこむように

では、その設計指針とはどのようなものか。長きにわたって、それは〝太く・大きく〟であった。自然からの贈与（＝生態系サービス）に負けるな。そのために、自然を改変する力を高めていこう。科学技術や市場経済システムの発展。そうした発展を遂げることが、人と自然との関係という文脈での（人間の側での）〝強さ〟の代名詞となってきた。そのようにして辿り着いたのが人新世であり、わたしたちは今、そうした地質年代を生きている（第1章1）。

他方で、細く小さかったとはいえ、やはりある種の〝強さ〟を備えた矢印もあった。自然を守る（＝保護する）という矢印。この矢印の隠れた〝強さ〟について、野生動物をモチーフとした作品で高い評価を受けている、写真家のロバート・ザオ・レンフイは次のように言う（傍点は筆者による。以下同）。

> 危機にある動物を保護するかどうかは、それぞれの状況次第だと思う。ただ保護というのはとても強い言葉。自然や動物のために何かしてあげるという考え方より、自然とともに流れ、ともに反応するために注意深くあるべきだと思う[10]

それでは、サステナブルである（＝前節で指摘したような「往復運動」を続けていく）ために必要な矢印とはどのようなものだろう。その設計に役立つ指針とはいかなるものか。エコロジカルな贈与論を見据えるならば、ディスサービスや過剰なサービスといった贈与をも引きうけていく。そうした〝包摂〟のようなものが基本指針となるように思われる。古いドイツ語では、「贈与」を意味するgiftという語が「毒」という意味を併せ持っていたという。[11] 自然の破壊者でも庇護者でもなく、おそらくはその同伴者としてその全体（＝自然らしさ）を引きうける。あたかも〝結婚〟のときに求められるような強さが、自然と向き合うに当たっても、益々求められていくのではないだろうか（何やら、身につまされる話のように思われてきた。余計なことは書かないでおこう）。

5 人間責任主義——「考えるという生活」への助走

贈与（＝生態系サービス）と返礼（＝手入れ）の往復運動を続けていく責任。これを自然には負わせられない。責任という意識を持てるのは人間だけだからである。2001年にノーベル生理学・医学賞を受賞したポール・ナースも次のように述べた。[12]

われわれが知る限り、自らの存在に、われわれとまったく同じように「気づいて」いる生き物はほかに見当たらない

そして、この責任には、どのような往復運動を続けていくかを〝考えて〟いく責任が含まれていると

説きたい。なぜなら、人間こそが「『社会の利益』という概念を持つことができる」[13]からである。

以前、八智会の友人からこんな話を聞いた。[14] 彼女が飼い犬と散歩をしている途中で、やはり散歩中の犬とすれ違った時のこと。相手の犬が彼女に向かって威嚇するような素振りを見せたという。すると、彼女の飼い犬は咄嗟に、彼女を守ろうとした（と彼女が感じた）そうである。友人の飼い犬はきっと友人を守ろうとしたのだろうと思うし、似たよう状況に遭遇したら、ルーク（筆者が飼っている小犬）も筆者を守ろうとしてくれるだろう（と思う）。しかしそうした状況を超えて、犬たちが社会一般の利益ないしは公益の増大を図ろうとすることは（ないとはいえないが）考えづらい。

２００２年にノーベル生理学・医学賞を受賞したジョン・サルストンも、２００９年の講演の中で次のように語っている（［ ］内は筆者による）。

> ダーウィンの進化論における中心的な概念である自然選択［自然淘汰ともいう］は私たちの存在の説明を提示してくれるが、どう振舞うべきかは教えてくれない。私たちは、影響力のある思考する動物として責任を持って将来に対処しなければならない。[15]

感覚力の有無（第11章）についてはさておき、責任という概念を理解し、それを果たせるのは人間しかいない。なので、人間には、贈与（＝生態系サービス）と返礼（＝手入れ）を念頭においた上で、どのような往復運動を続けていくかを〝考えて〟いく責任がある。[16]

数年前に、アメリカでだれかがＡＩに尋ねた。「サステナブルな世の中を作るには？」。すると、Ａ

Iは「人類を絶滅させること」と即答した（！）という。自然は人間なしでも生きていけるし、自然の贈与は人間がいなくても続いていく。ＡＩはそう考えたように見える（人間がいないなら、生態系サービスという言葉は使えないだろうけれど）。

わたしたちはこのＡＩの予想を裏切っていこう。人間がいても「サステナブルな世の中」は作れるのだと。ただし、「何も考えずに毎日を過ごして」いてもサステナブルな社会はやって来ないだろう。それは「考えるという生活」を続けた先に現れてくるはずである。では、人新世での「考えるという生活」とはいかなるものか。難しい問いであるが、ひとまず次のように答えておきたい。贈与（＝生態系サービス）と返礼（＝手入れ）の往復運動を意識する。その上で、生態系サービス（とその評価法）という遠近法を駆使して、自然との「間合い」を測り、機に応じた「手入れ」を行う。そして、そうすることで、サービスの量や遅速、つまり矢印（↓⇓⬇）の長さや太さ、それに色や方向などを調節していく。そうした一連の営みが「考えるという生活」の中身であり、かつ、〝人新世のエコロジー〟の本旨である、と。

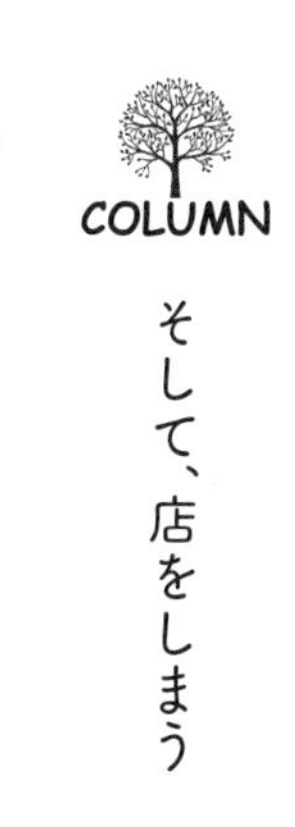

そして、店をしまう

『店じまいのエコロジー』。これを本書のタイトルにしてはどうだろう。そう思ったこともあったが、何やら〝大博打〟になるような気がして止めた。

筆者が人間社会の「店じまい」なるものについて考えるようになったきっかけ。それは、オランウータンである。インドネシアは、2004年にボルネオ・オランウータンの保全計画を策定したが、そのねらいはオランウータンを絶滅から救い出すことではなかった。絶滅はやむを得ないと認めた上で、オランウータンがより「よい」状態で生きられる時間をできるだけ延ばす。それが真のねらいだというのである。この話を初めて聞いたときは衝撃を受けたけれども、次第に、人間の未来についても同じように考える余地もあるのではないかと思うようになった。

そして、そんなことを頭の片隅に置きながら本書の執筆準備を進めていたところ、似たような考え方を限界値的な方向へ解き放った見解に出くわす。ニューヨーク近代美術館でキュレーターを務める、パオラ・アントネッリ(Paola Antonelli)へのインタビュー記事である。その中で、アントネッリは敢然と言い放った。

人類の絶滅は避けられない。その終わり方をどのように美しくデザインし、人間の次に優勢になる種に地球を引きわたすかが重要[1]

まさかこうした形でアントネッリと再会するとは思わなかったが、それはさておき、彼女と筆者の「店じまい」論は似て非なるものである。すなわち、(このインタビュー記事の中で)アントネッリは「店じまい」と「人類の絶滅」を重ね合わせているが、一口に「店じまい」といっても、そのやり方は一つではないだろう。例えば、これからの電力供給を原発に頼らないこと。そうした〝部分的な〟「店じまい」もあり得るはずである。あるいは、たくさんある店舗のどれかを閉めてみたり、季節によって開店時刻を早めてみたり／遅めてみたり。そんな「店じまい」もデザインできるかもしれない。そうした「店じまい」の仕方を考えるに当たっては、美波町の可変式保護区の経験(第7章2(1))が参考になりそうである。

さらにいえば、筆者は「店じまい」を念頭におきつつも、「生き延びよう」とする努力を否定したくない。[2]前節でＡＩに聞いてみたというナラティブがあったが、その際の問いは適切なものだったのだろうか。例えば、「贈与(＝生態系サービス)と返礼(＝手入れ)の往復運動をどのように続ければ、サステナブルな世の中になるか？」と問いかけてみたらどうだっただろう。ＡＩの答えは「人類を絶滅させること」とはならなかったように思われる。

どのような答えが提供されるかはともかく、ジオクラートやＡＩに尋ねてみるのも悪いことではないだろう。ジオクラートやＡＩが示してくれた「正しい答え」を選ぶのか、それとも、「あるべき答え」を選ぶのか。それをわたしたちが選択できさえすればそれで「よい」。参加型の生態系サービス評価を提案してみた背景には、そのような考えがある（第5章5）。

こう考えてしまうのは、筆者が法学者だからなのかもしれない。「よい」意味でも悪い意味でも、法学者とは現実的であることを捨てきれない生き物である。なので、（贈与と返礼の往復運動を続けるという意味での）サステナブルな社会を実現するには、

研ぎすまされた「問い」を放つ
ジオクラートやＡＩが考えた「2番目以降の答え」も検討する
その結果を「地域」で「ルール化」していく

のが「よい」と考えている。国立マンション事件判決の中で、最高裁も、地域社会がどのような答えを検討し、何を選び取ったのかを「条例等」に書き込んでおくよう勧めていた（第9章4(1)）。そうしたルールの中に「店じまい」の理念やプロセスを書き込むのが「よい」と思う。[3]

持続可能性という考え方の中に「終わり」という要素が全く含まれていないとはいえないだろう。なので、アントネッリが「終わり方」を説いたことは頷ける。ただし、「終わり」が来るのかどうか。そして、それがいつどのような形でやって来るのか。そうしたことはだれにも分からない。

筆者は、少なくとも、「終わる」までは人間らしくありたいと思う。自然の変異が必ずしも悪ではないように、人間から自然への働きかけも悪いことばかりだったわけではない。例えば、そうした働きかけがなければ、芸術も科学技術的イノベーションも生まれなかったはずである。坂口安吾はかつて「秩序が欲望の充足に近づくところに文化の、又生活の真実の生育がある」と説いた。[4] もちろん、そこでの「秩序」としては、図14-1（のような贈与と返礼の往復運動）を念頭におかねばならないが、大筋としては、坂口のこの主張を支持したい。自然との「間合い」を測り、手を入れる、そして、その結果を可能な限り引きうけていく。そうすることでしか、（自然との関係において）人間は「人間」たり得ない。[5] そう考えているからである。

生態系サービスの供給という贈与とそれに対する返礼としての手入れ。そうしたエコロジカルな往復運動の一環であれば、その営みには「生き延び」ようとする精神が伴う。そうした営みの結果、万が一、「店じまい」に至ってしまったとしても、それはそれで「よい」のではないだろうか。絶望ではなく、〝誇り〟をもって「店をとじる」。[6] そんな生き方があっても「よい」のではないか。本書をここまで書いてきて、あらためてそのように思う。

なお、本コラム中の「よい」はなぜすべて平仮名なのか。それは、良いの場合もあれば、善いの場合もあろうからである。文脈に応じて、そのどちらかを、あるいは、別な漢字を当てはめていただきたい。

おわりに　待つこととしての未来

気がつけば、前著『生物多様性というロジック』（２０１０年）の出版から12年もの時が経った。研究者としての「返礼」が多くの人々に何かを考えてもらえるような業績を世に出すことであるとすれば、何と長大な時間を「待って」いただいたことか。

日本語でいうところの「期待」。これをイタリア語では'attesa'という。興味深いのは、このイタリア語が「待つこと」そのものをも意味することである。[1] 教父アウグスティヌス（３５４-４３０）は『告白』の中で、次のような考察を残した。

過去についての現在とは「記憶」であり、現在についての現在とは「直感」であり、未来についての現在とは「期待」です[2]

待つこと＝期待。未来を良くしようとするのであれば、わたしたちには、待つことも求められるのではないか。速さ・早さばかりが声高に求められる中で、待つこと＝期待こそが未来を作るのだと言いたい。筆者は、多くの方々からの有形無形の支援を受けて、そして延々と「待って」いただいたことで、何とか本書を世に送り出すことができた。幸運であると思うし、心から有難いと思う。

恩師である畠山武道先生や、理事長の大塚直先生を始めとする環境法政策学会の先生方からは、厳しくも温かいご指導をいただいてきた。先生方のご指導がなければ、本書が世に出ることはなかっただろう。学恩に心より感謝申し上げる。また、研究会のレベルでは、喜多川進先生が主導する「環境政策史研究会」と、寺尾忠能先生が主査を務める、アジア経済研究所内部の研究会である通称「寺尾研」の存在が大きかった。これらの研究会活動を通じて、さまざまな研究領域の専門家から多く貴重な意見をいただくことができ、それが本書の血肉となっている。とりわけ、寺尾研は、寺尾忠能先生を中心に、大塚健司先生、喜多川進先生、佐藤仁先生、船津鶴代先生（五十音順）という超豪華メンバーが揃い、10年以上にわたり、先生方の知識の幅広さ・深さと問題意識の鋭さに直にふれることができた。そのような場所にこれだけ長く身をおけたのである。これを幸運と言わずに何と言おう。

それから、前著とは違って、今回は、研究室のゼミ生の皆さんにまさに〝大〟活躍してもらった（なので、酒類や甘味類などの供給サービス提供は怠っていない。と自負しているがどうだろう）。というのも、「はじめに」でもふれたように、本書は〝（お堅い）研究書〟ではなく〝（読み易い）物語〟をめざしたものだからである。阿久津圭史さん、安東日向子さん、伊藤航輝さん、岡田優里さん、関根佐和子さん、辻井佳菜さん、中村愛さん、藤川貴江さん、宮添龍也さん（五十音順）には、一般読者の視点から草稿を読んでもらい、多くのコメントを寄せてくれたことに、そして、図表作成をヘルプしてくれたことに感謝したい。

もちろん、プロの研究者の方々にも多大なご支援をいただいた。次の方々には、お忙しい中、草稿を読んでいただき、貴重なコメントを多数いただいたものである。ここにお名前を記してお礼申し上げたい。北見宏介さん、榑沼範久さん、佐藤仁さん、武田淳さん、鳥谷部壌さん、夏川遼生さん、二見絵里子さん、箕輪さくらさん（五十音順）。

さらに、突然のお願いにもかかわらず、以下の方々からは素晴らしいイラストや写真を頂戴した。おかげで、本書のビジュアル面が大幅に強化されたものである。ご厚情に心から感謝申し上げたい。いそねこ協議会（磯子区猫の飼育ガイドライン推進協議会）、国立市（政策経営部市長室広報・広聴係）、認定NPO法人 舞岡・やとひと未来、横浜市（環境創造局南部公園緑地事務所および茅ヶ崎公園自然生態園）（五十音順）。

そして本書の陰の生みの親。それは言うまでもなく、担当編集者の道中真紀さんである。感性豊かで（といって差し支えないだろう。「近頃、自然が妙に元気だから、一冊書かせてもらいたい」という頓狂な企画を〝推し〟てくれたのだから）、おそろしく聡明な道中さん。ひょんなことから道中さんと知り合えて、ここまで並走してこられたことに感謝したい。もちろん、並走とはいっても、筆者が道中さんに〝おんぶにだっこ〟されながら、よろよろと走っていたのではあるのだけれども。さらに、事もあろうか、ゴール直前では〝監督、もう走れません〟的な状態となってしまい、もう一人の編集者である岩元恵美さんにスクランブル支援を仰ぐ事態となった。そうして最後は、道中さんと岩元さんに両方から抱えられるようにしてゴールになだれ込んだものである。お二人に心から感謝申し上げる。

最後に、天国で「待って」いてくれる父（敬一）と弟（恵）に、そして、いろいろなことがありながらも、自分の人生を生きてくれている母（裕喜子。マリア＝アグネス）に本書を捧げたい。昔、『母に捧げるバラード』という曲があった。本書は、なかなか思うようにならない息子が『母に捧げる書』である。と書いてはみたものの、そんな気取った言葉は要らないのかもしれない。いつも本当にどうもありがとう。そう言いながら、本書を差し出す。ただそれだけでよいような気もしている。

著者紹介

及川 敬貴（おいかわ ひろき）
1967年北海道生まれ。91年北海道大学法学部卒業。97年パデュー大学大学院政治学研究科修了（M.A. in Public Policy and Public Administration)。フルブライト・フェロー（95-97年)。2000年北海道大学大学院法学研究科博士後期課程修了（博士（法学))。現在、横浜国立大学都市科学部教授。
〈主要著書〉
『アメリカ環境政策の形成過程――大統領環境諮問委員会の機能』（北海道大学図書刊行会、2003年)；『はじめての行政法』（共著、三省堂、2009年。2023年中に第４版が公刊予定)；『生物多様性というロジック――環境法の静かな革命』（勁草書房、2010年)。

人新世のエコロジー――自然らしさを手なずける

2023年２月25日／第１版第１刷発行

著　者　及川 敬貴
発行所　株式会社日本評論社
〒170-8474　東京都豊島区南大塚3-12-4
電話　03-3987-8621（販売）　03-3987-8595（編集）
https://www.nippyo.co.jp/
印刷所　精文堂印刷株式会社
製本所　株式会社難波製本
装　幀　銀山 宏子

ISBN 978-4-535-52650-1

索　引

【さ行】

【た行】

【や行】

【ら行】

【わ行】

参考文献

IUCN, Biodiversity Offsets: Views, Experience, and the Business Case, by Kerry ten Kate, Josh Bishop, and Ricardo Bayon（Gland, Switzerland and Cambridge, UK: IUCN, and London, UK: Insight Investment, 2004).
青木人志「アニマル・ライツ——人間中心主義の克服？」愛敬浩二編『人権の主体』（法律文化社、2010年）238-256頁
青木人志『日本の動物法（第2版）』（東京大学出版会、2016年）
揚妻直樹「「シカの生態系破壊」から見た日本の動物と森と人」池谷和信編『日本列島の野生生物と人』147-165頁（世界思想社、2010年）
浅野幸治「動物権利論と捕食の問題」長谷川晃＝酒匂一郎＝河見誠＝中山竜一編『法の理論39』（成文堂、2021年）3-18頁
アバーテ，カルミネ（栗原俊秀訳・解説）『偉大なる時のモザイク』（未知谷、2016年）
荒井裕樹『凛として灯る』（現代書館、2022年）
アーリ，ジョン（吉原直樹監訳／伊藤嘉高・板倉有紀訳）『グローバルな複雑性』（法政大学出版局、2014年）
アーリ，ジョン（吉原直樹監訳）『社会を越える社会学〈改装版〉——移動・環境・シチズンシップ』（法政大学出版局、2015年）
有馬眞＝石川正弘「地質・水循環と水源地の地球科学的リスク—地球科学」佐土原聡編『時空間情報プラットフォーム——環境情報の可視化と協働』（東京大学出版会、2010年）56-73頁
アーレント，ハンナ（齋藤純一＝山田正行＝矢野久美子共訳）『アーレント政治思想集成 2 理解と政治』（みすず書房、2002年）
飯田晶子＝曽我昌史＝土屋一彬『人と生態系のダイナミクス 3 都市生態系の歴史と未来』（朝倉書店、2020年）
池田寛二「サステイナビリティ概念を問い直す——人新世という時代認識の中で」サステイナビリティ研究9巻7-27頁（2019年）
石川正弘「6-4-2　プレートテクトニクスと地震」横浜国立大学都市科学部編『都市科学事典』（春風社、2021年）564-565頁
石巻実穂＝大塚直「炭素回収貯留（CCS）事業における超長期責任——オーストラリア及びカナダの法制度」環境法研究9号115-135頁（2019年）
伊勢田哲治＝なつたか（マンガ）『マンガで学ぶ動物倫理——わたしたちは動物とどうつきあえばよいのか』（化学同人、2015年）
伊勢田哲治『動物からの倫理学入門』（名古屋大学出版会、2008年）
一ノ瀬正樹「『鳥獣害』を被る人々に動物倫理は何を語れるか」長谷川晃＝酒匂一郎＝河見誠＝中山竜一編『法の理論40』（成文堂、2021年）」

145-169頁
伊藤航輝＝関根佐和子＝及川敬貴「希少種保護条例の実状――なぜ条例は制定されないのか？」応用生態工学25巻２号掲載決定（2023年公刊予定）
井上太一『動物倫理の最前線――批判的動物研究とは何か』（2022年、人文書院）
井上真『コモンズの思想を求めて――カリマンタンの森で考える』（岩波書店、2004年）
井上真「自然資源『協治』の設計指針――ローカルからグローバルへ」室田武編著『グローバル時代のローカル・コモンズ』（ミネルヴァ書房、2009年）3-25頁
今道友信『エコエティカ生圏倫理学入門』（講談社学術文庫、1990年）
岩野卓司『贈与論――資本主義を突き抜けるための哲学』（青土社、2019年）
ヴィリリオ，ポール（市田良彦訳）『速度と政治――地政学から時政学へ』（平凡社、1989年）
植竹勝治＝山田佐代子＝金子一幸＝藤森亘＝佐藤礼一郎＝田中智夫「都市部住宅地におけるノラネコの血液性状および繁殖状況」日本家畜管理学会誌・応用動物行動学会誌50巻１号1-5頁（2014年）
卯城竜太＝松田修『公の時代』（朝日出版社、2019年）
打越綾子『日本の動物政策』（ナカニシヤ出版、2016年）
内田樹『寝ながら学べる構造主義』（文春新書、2002年）
内田亮子『進化と暴走――ダーウィン『種の起源』を読み直す』（現代書館、2020年）
宇野重規「コモンズ概念は使えるか――起源から現代的用法」待鳥聡史＝宇野重規編著『社会のなかのコモンズ――公共性を超えて』（白水社、2019年）
うめざわしゅん『ダーウィン事変01』（講談社、2020年）
うめざわしゅん『ダーウィン事変04』（講談社、2022年）
江崎保男『生態系ってなに？――生きものたちの意外な連鎖』（中公新書、2007年）
遠州尋美「アメリカ合衆国のミティゲーション」日本福祉大学経済論集12巻1-26頁（1996年）
遠藤博也『計画行政法』（学陽書房、1976年）
及川敬貴『生物多様性というロジック――環境法の静かな革命』（勁草書房、2010年）
及川敬貴「自然保護の訴訟――生態系サービス訴訟への変異」環境法政策学会編『生物多様性と持続可能性』（商事法務、2017年）67-90頁。
及川敬貴「葛城市クリーンセンター建設許可差止請求控訴事件（大阪高判平

成26年4月25日）環境法研究10号223-241頁（2020年）
及川敬貴「経路依存性と法に関する覚書―アメリカ環境保護庁はいかにして生まれたのか」大貫裕之ほか編『行政法理論の基層と先端』605-626頁（信山社、2022a 年）
及川敬貴「予防原則に基づく条例の規制と憲法22条1項（健全な水循環の保全を目的とした条例に基づく規制対象事業認定処分取消請求事件）」民事判例25号118-121頁（2022b 年）
及川敬貴＝艸田陽介「もう一つの生態系サービス評価」大塚直＝諸富徹編著『持続可能性と Well-Being』（日本評論社、2022年）157-200頁
大塚健司『中国水環境問題の協働解決論――ガバナンスのダイナミズムへの視座』（晃洋書房、2019年）
大塚直「国立景観訴訟最高裁判決の意義と課題」ジュリスト1323号（2006年）70-81頁
大塚直「差止請求権の根拠について」瀬川信久ほか編『民事責任法のフロンティア』（有斐閣、2019年）375-409頁
大塚直『環境法 BASIC（第3版）』（有斐閣、2021年）
大沼あゆみ『生物多様性保全の経済学』（有斐閣、2014年）
大沼あゆみ＝柘植隆宏『環境経済学の第一歩』（有斐閣、2021年）
岡本裕一朗『ポスト・ヒューマニズム――テクノロジー時代の哲学入門』（NHK 出版新書、2021年）
奥田進一『共有資源管理利用の法制度』（成文堂、2019年）
奥野克巳『絡まり合う生命――人間を超えた人類学』（亜紀書房、2022年）
小田原のどか「空の台座」同『近代を彫刻／超克する』（講談社、2021年）5-53頁
落合陽一『魔法の世紀（第2版）』（PLANETS、2015年）
柿澤宏昭『エコシステムマネジメント』（築地書館、2000年）
柏原聡＝西浩司「英国における生態系サービス概念の国内政策への取込み」応用生態工学24巻2号313-320頁（2022年）
加藤謙介「『地域猫』活動における「対話」の構築過程――横浜市磯子区の事例より」ボランティア学研究6号49-69頁（2005年）
加藤謙介「『地域猫』活動の長期的変遷に関する予備的考察――横浜市磯子区の実践グループ年次活動報告書に対する内容分析より」九州保健福祉大学研究紀要15号51-60頁（2014年）
加藤尚武『加藤尚武著作集第7巻 環境倫理学』（未來社、2019年）154頁参照（初出：加藤尚武『環境倫理学のすすめ』（丸善、1991年））
神奈川県環境農政局農政部農地保全課「神奈川県里地里山の保全、再生及び活用の促進に関する条例の解説」（平成26年3月）

環境省自然環境局自然環境計画課生物多様性施策推進室『価値ある自然――生態系と生物多様性の経済学 TEEB の紹介』（2012年）
環境省生物多様性及び生態系サービスの総合評価に関する検討会『生物多様性及び生態系サービスの総合評価報告書（JBO3）』（2021年）
姜尚中＝テッサ・モーリス-スズキ『デモクラシーの冒険』（集英社新書、2004年）
神田鉄平「地域猫に対する栄養および食餌管理についての調査」ペット栄養学会誌22巻1号25-30頁（2019年）
貴志祐介『新世界より』（講談社文庫、2011年）
喜多川進『環境政策史論――ドイツ容器包装廃棄物政策の展開』（勁草書房、2015年）
北見宏介「自然公園法20条に基づく許可処分と景観利益に基づく原告適格」新・判例解説 Watch（法学セミナー増刊）16号41-44頁（2015年）
北村喜宣『環境管理の制度と実態――アメリカ水環境法の実証分析』（弘文堂、1992）
北村喜宣『環境法（第5版）』（弘文堂、2020年）
鬼頭秀一「環境運動/環境理念研究における『よそ者』論の射程――諫早湾と奄美大島の「自然の権利」訴訟の事例を中心に」環境社会学研究4号44-59頁（1998年）
鬼頭葉子「動物権利論の拡張可能性について――新たな権利概念の措定と関係アプローチの導入」長谷川晃＝酒匂一郎＝河見誠＝中山竜一編『法の理論39』（成文堂、2021年）19-46頁
木下征彦「地域社会における人と猫をめぐるコンフリクトの可視化に向けて――野良猫問題と地域猫活動の分析から」総合文化研究（日本大学商学部）24巻第1・2・3号合併号59-80頁（2019年）
木村草太『キヨミズ准教授の法学入門』（星海社新書、2012年）97頁参照
金敬哲『韓国 超ネット社会の闇』（新潮新書、2022年）
久保田さゆり「動物倫理の議論と道徳的地位の概念」長谷川晃＝酒匂一郎＝河見誠＝中山竜一編『法の理論39』（成文堂、2021年）47-67頁
蔵治光一郎『森の「恵み」は幻想か――科学者が考える森と人の関係』（化学同人、2012年）
Krieger, Martin H. What's Wrong with Plastic Trees?: Rationales for Preserving Rare Natural Environments Involve Economic, Societal, and Political Factors, *Science* 179: 446-455.（1973）
榑沼範久「ダーウィン，フロイト――剝き出しの性/生、そして差異の問題」飯田隆ほか編『岩波講座 哲学 12　性／愛の哲学』（岩波書店、2009年）91-115頁

釼持麻衣『気候変動への「適応」と法――アメリカに学ぶ法政策と訴訟』（勁草書房、2022年）
神山智美『自然環境法を学ぶ』（文眞堂、2018年）
小山明日香＝岡部貴美子「生物多様性オフセットによるノーネットロス達成の生態学的課題」森林総合研究所研究報告16巻２号61-76頁（2017年）
コルバン，アラン「恐怖で書かれた女性史――男性の苦悩と女性への恐怖」同（小倉孝誠＝野村正人＝小倉和子訳）『時間・欲望・恐怖――歴史学と感覚の人類学』（藤原書店、1993年）85-102頁
コルバン，アラン（小倉孝誠訳）『風景と人間』（藤原書店、2002年）
紺野大地＝池谷裕二『脳と人工知能をつないだら、人間の能力はどこまで拡張できるのか――脳 AI 融合の最前線』（講談社、2021年）
Constanza, Robert et al. The Value of the World's Ecosystem Services and Natural Capital, *Nature* 387: 253-260.（1997）
斎藤幸平『人新世の「資本論」』（集英社新書、2020年）
斎藤環＝佐藤優『なぜ人に会うのはつらいのか――メンタルをすり減らさない38のヒント』（中公新書ラクレ、2022年）
坂口安吾「欲望について――プレヴォとラクロ」同『不良少年とキリスト』（新潮文庫、2019年）25-34頁
佐藤仁『稀少資源のポリティクス――タイ農村にみる開発と環境のはざま』（東京大学出版会、2002年）
佐藤仁『「持たざる国」の資源論――持続可能な国土をめぐるもう一つの知』（東京大学出版会、2011年）
佐藤仁「三項で捉える資源環境――主体、客体、媒介」寺尾忠能編著『資源環境政策の形成過程における因果関係と社会的合意（仮）』（アジア経済研究所、2023年公刊予定）
佐藤哲「環境アイコンとしての野生生物と地域社会――アイコン化のプロセスと生態系サービスに関する科学の役割」環境社会学研究14号70-85頁（2008年）
佐渡友陽一『動物園を考える――日本と世界の違いを超えて』（東京大学出版会、2022年）
Sapolsky, Robert M., *Behave: The Biology of Humans at Our Best and Worst,* Penguin Press.（2017）
サルズマン，ジェームズ＝バートン・H・トンプソン Jr.（正木宏長＝上床悠＝及川敬貴＝釼持麻衣編訳）『現代アメリカ環境法』（尚学舎、2022年）
塩原良和『分断と対話の社会学――グローバル社会を生きるための想像力』（慶應義塾大学出版会、2017年）

敷田麻実「よそ者と地域づくりにおけるその役割にかんする研究」国際広報メディア・観光学ジャーナル９号79-100頁（2009年）
篠原雅武『複数性のエコロジー――人間ならざるものの環境哲学』（以文社、2016年）
島村健「阿蘇における農村と都市をむすぶ営みとその周辺」楜澤能生＝佐藤岩夫＝高橋寿一＝高村学人編『現代都市法の課題と展望』（日本評論社、2018年）387-409頁
シンボルスカ，ヴィスワヴァ（沼野充義訳）『終わりと始まり』（未知谷、1997年）
鈴木克哉「なぜ獣害対策はうまくいかないのか」宮内泰介編『なぜ環境保全はうまくいかないのか――現場から考える「順応的ガバナンス」の可能性』（新泉社、2013年）48-75頁
Suzuki, K. F., Y. Kobayashi, R. Seidl, C. Senf, S. Tatsumi, D. Koide, W. A. Azuma, M. Higa, T. F. Koyanagi, S. Qian, Y. Kusano, R. Matsubayashi, and A. S. Mori, The potential role of an alien tree species in supporting forest restoration: Lessons from Shiretoko National Park, Japan, *Forest Ecology and Management*, 493: 119-253.（2021）
須田桃子『合成生物学の衝撃』（文藝春秋、2018年）
祖田修・佐藤晃一・太田猛彦・隆島忠夫・谷口旭編『農林水産業の多面的機能』（農林統計協会、2006年）
ダーウィン，チャールズ（長谷川眞理子訳）『人間の由来（上）』（講談社学術文庫、2016年）
多木浩二『生きられた家――経験と象徴（新訂版）』（青土社、2019年）
武内和彦・鷲谷いずみ・恒川篤史編『里山の環境学』（東京大学出版会、2001年）24頁（倉本宣執筆部分）
武田淳＝及川敬貴「協働型資源管理にみるエコ統治性の諸相――コスタリカにおけるウミガメの保全事業を事例に」沿岸域学会誌27巻３号51-62頁（2014年）
立川雅司「分野別研究動向（人新世）――人新世概念が社会学にもたらすもの」社会学評論70巻２号146-160頁（2019年）
田中淳夫『虚構の森』（新泉社、2021年）
筑紫圭一（北村喜宣＝山口道昭＝出石稔編）『自治体環境行政の基礎』（有斐閣、2020年）
チン，アナ（赤嶺淳訳）『マツタケ――不確定な時代を生きる術』（みすず書房、2019年）
辻信一『環境法入門――対話で考える持続可能な社会』（信山社、2021年）
TEEB The Economics of Ecosystems and Biodiversity: Mainstreaming the Economics

of Nature: A Synthesis of the Approach, Conclusions and Recommendations of TEEB.（2010）
Daily, Gretchen C, and Katherine Ellison, *The New Economy of Nature: The Quest to Make Conservation Profitable,* Washington DC.: Island Press.（2002）（グレッチェン・C・デイリー＝キャサリン・エリソン（藤岡伸子ほか訳）『生態系サービスという挑戦――市場を使って自然を守る』（名古屋大学出版会、2010年））
寺尾忠能編著『資源環境政策の形成過程――「初期」の制度と組織を中心に』（アジア経済研究所、2019年）
東京大学教養学部歴史学部会編『東大連続講義 歴史学の思考法』（岩波書店、2020年）
道家哲平「生物多様性条約――絶滅を避けるための国際的ツール」世界941号120-129頁（2021年）
特集「肉食主義を考える：ヴィーガニズム・培養肉・動物の権利…人間－動物関係を再考する」現代思想50巻７号（2022年）
ドナルドソン，スー＝ウィル・キムリッカ（青木人志＝成廣孝監訳）『人と動物の政治共同体――「動物の権利」の政治理論』（尚学社、2016年）
トフラー，アルビン＝ハイジ・トフラー（山岡洋一訳）『富の未来（下）』（講談社、2006年）
富井利安『景観利益の保護法理と裁判』（法律文化社、2014年）
富岡幸一郎『生命と直観――よみがえる今西錦司』（アーツアンドクラフツ、2019年）
鳥谷部壌「国際司法裁判所 国境地帯ニカラグア活動事件金銭賠償判決［2018年２月２日］」摂南法学58号39-122頁（2021年）
トロント，ジョアン・C（岡野八代訳・著）『ケアするのは誰か？――新しい民主主義のかたちへ』（白澤社、2020年）
中沢新一『野ウサギの走り』（中公文庫、1989年）
中沢新一『日本の大転換』（集英社新書、2011年）
中静透「生態系サービスの評価とその利用」大塚直＝諸富徹編著『持続可能性と Well-Being――世代を超えた人間・社会・生態系の最適な関係を探る』（日本評論社、2022年）139-155頁
中島慶二＝益子知樹監（山と渓谷社いきもの部編）『いきもの六法――日本の自然を楽しみ、守るための法律』（山と渓谷社、2022年）
中島岳志「受け取ることの存在論――マルセル・モース『贈与論』の本質」コモンズ2022巻１号113-114頁（2022年）
仲正昌樹『現代思想の名著30』（筑摩新書、2017年）
流山市環境部環境政策課『生物多様性ながれやま戦略――オオタカがすむ森

のまちを子どもたちの未来へ』（平成22年３月）
ナース，ポール（竹内薫訳）『WHAT IS LIFE ?（ホワット・イズ・ライフ？）――生命とは何か』（ダイヤモンド社、2021年）
新村毅編『動物福祉学 Animal Welfare Science』（昭和堂、2022年）
西岡晋「政策発展論のアプローチ――政策の長期的時間構造と政治的効果」縣公一郎＝藤井浩司編著『ダイバーシティ時代の行政学――多様化社会における政策・制度研究』（早稲田大学出版部、2016年）43-59頁
西澤栄一郎＝喜多川進編著『環境政策史――なぜいま歴史から問うのか』（ミネルヴァ書房、2017年）
西村清和『プラスチックの木でなにが悪いのか――環境美学入門』（勁草書房、2011年）
二宮咲子「ローカルな『問題化の過程』と『外来種問題』――地域特性と歴史的文脈を踏まえた政策的取り組み」西川潮＝宮下直編著『外来生物――生物多様性と人間社会への影響』（裳華房、2011年）207-226頁
日本学術会議「(回答）人口縮小社会における野生動物管理のあり方」（2019年８月１日）
野崎亜紀子「チンパンジーは監禁されない権利を持つか？」瀧川裕英編『問いかける法哲学』（法律文化社、2016年）74-93頁
バウマン，ジークムント（森田典正訳）『リキッド・モダニティ――液状化する社会』（大月書店、2001年）
Bowman, M., P. Davies, and C. Redgwell, *Lyster's International Wildlife Law* (2nd ed.), Cambridge（UK）: Cambridge University Press, 594, 596-597. (2010)
橋本禅＝齊藤修『農村計画と生態系サービス』（農林統計出版、2014年）
長谷川晃＝酒匂一郎＝河見誠＝中山竜一編『法の理論39』（成文堂、2021a年）
長谷川晃＝酒匂一郎＝河見誠＝中山竜一編『法の理論40』（成文堂、2021b年）
畠山武道「住民参加と行政手続」都市問題85巻10号43-54頁（1994年）
畠山武道『アメリカの環境訴訟』（北海道大学出版会、2008年）
畠山武道「生物多様性保護と法理論 課題と展望」環境法政策学会編『生物多様性の保護：環境法と生物多様性の回廊を探る』（商事法務、2009年）1-18頁
畠山武道「環境の定義と価値基準」新美 育文＝松村弓彦＝大塚直編『環境法大系』（商事法務、2012年）27-57頁
畠山武道『アメリカ環境政策の展開と規制改革――ニクソンからバイデンまで』〔アメリカ環境法入門３〕（信山社、2022年）

畠山武道＝下井康史編著『はじめての行政法（第4版）』（三省堂、2023年公刊予定）
Birch, Jonathan Charlotte Burn, Alexandra Schnell, Heather Browning and Andrew Crump, Review of the Evidence of Sentience in Cephalopod Molluscs and Decapod Crustaceans.（November 2021）
Hardin, Garrett, Tragedy of the Commons: The Population Problem Has No Technical Solution; It Requires a Fundamental Extension in Morality, *Science* 162（3859）: 1243-1248.（1968）
バック，レス（有元健訳）『耳を傾ける技術』（せりか書房、2014年）
濱野智史『アーキテクチャの生態系―― 情報環境はいかに設計されてきたか』（ちくま文庫、2015年）
林倫子ほか「静岡県内の小学校効果を素材とした富士山の文化的サービスの価値に関する試論」土木学会論文集G（環境）Vol.74, No.6（環境システム研究論文集 第46巻）II_165-II_173（2018年）
ハラリ，ユヴァル・ノア（柴田裕之訳）『サピエンス全史（上・下）――文明の構造と人類の幸福』（河出書房新社、2016年）
ハラリ，ユヴァル・ノア（柴田裕之訳）『ホモ・デウス（上）――テクノロジーとサピエンスの未来』（河出書房新社、2018a年）
ハラリ，ユヴァル・ノア（柴田裕之訳）『ホモ・デウス（下）――テクノロジーとサピエンスの未来』（河出書房新社、2018b年）
ピアス，フレッド（藤井留美訳）『外来種は本当に悪者か？――新しい野生 THE NEW WILD』（草思社、2016年）
日置雅晴「景観・まちづくり訴訟の動向」環境法研究8号111-126頁（2018年）
美術手帖（Vol.72No.1082）2020年6月号
平井太郎＝松尾浩一郎＝山口恵子『地域・都市の社会学――実感から問いを深める理論と方法』（有斐閣、2022年）
平原俊「自然資源管理に関する市民参加論の『限界』再考」林業経済75巻3号1-16頁（2022年）
福永真弓「『人新世』時代の環境倫理学」吉永明弘＝福永真弓編著『未来の環境倫理学』（勁草書房、2018年）141-159頁
二見絵里子「順応的管理の規範的性格に関する予備的考察」大久保規子＝高村ゆかり＝赤渕芳宏＝久保田泉編著『環境規制の現代的展開――大塚直先生還暦記念論文集』（法律文化社、2019年）318-331頁
船津鶴代＝永井史男編『変わりゆく東南アジアの地方自治』（アジア経済研究所、2012年）
古井戸宏通「保安林制度と転用権――第二次森林法を中心として」經濟學論

叢（中央大学）58巻２号147-168頁（2018年）
古澤美映「『動物の権利』と人間の感性との関わりはいかにして法理論化へ向かうか」長谷川晃＝酒匂一郎＝河見誠＝中山竜一編『法の理論40』（成文堂、2021年）171-191頁
ベルク，オギュスタン（三宅京子訳）『風土としての地球』（筑摩書房、1994年）
ボヌイユ，クリストフ＝ジャン・バティスト・フレソズ（野坂しおり訳）『人新世とは何か〈地球と人類の時代〉の思想史』（青土社、2018年）
堀江敏幸『郊外へ』（白水Ｕブックス、2000年）
真木悠介『時間の比較社会学』（岩波現代文庫、2003年）315頁参照（初出：岩波書店、1981年）
艸田陽介「生物多様性オフセットに関する制度運用上の柔軟性について」横浜国立大学大学院環境情報学府博士学位論文（博士（学術））（2017年）
艸田陽介＝及川敬貴「オーストラリアの生物多様性バンキング―― No Net Loss から Net Gain へ」Law & Technology 51号24-25頁（2011年）
待鳥聡史＝宇野重規編著『社会のなかのコモンズ――公共性を超えて』（白水社、2019年）
マッシー，ドリーン（森正人・伊澤高志訳）『空間のために』（月曜社、2014年）
松田裕之「生態系保全と自然資源管理をめぐる諸問題」寺西俊一＝石田信隆編著『農林水産業の再生を考える（自然資源経済論入門２』（中央経済社、2011年）175-188頁
松原始『カラスはずる賢い、ハトは頭が悪い、サメは狂暴、イルカは温厚って本当か？』（山と渓谷社、2020年）
松村正治「環境的正義の来歴――西表島大富地区における農地開発問題」松井健編著『沖縄列島――シマの自然と伝統のゆくえ』（東京大学出版会、2004年）49-70頁
松村正治「里山ボランティアにかかわる生態学的ポリティクスへの抗い方――身近な環境調査による市民デザインの可能性」環境社会学研究13巻143-157頁（2007年）
松村正治「環境統治性の進化に応じた公共性の転換へ――横浜市内の里山ガバナンスの同時代史から」宮内泰介編『なぜ環境保全はうまくいかないのか――現場から考える「順応的ガバナンス」の可能性』（新泉社、2013年）222-246頁
松村正治「地域の自然とともに生きる社会づくりの当事者研究――都市近郊における里山ガバナンスの平成史」環境社会学研究24巻38-57頁（2018年）

松本隆志「『贈与論』から見る秩序問題——潜在的闘争関係を抱える危うい秩序」日仏社会学会年報25 巻113-131頁（2014年）
松本遥子＝山内賢幸＝小倉加奈代＝西本一志「複数の時間流を持つチャットシステムの提案」情報処理学会研究報告（IPSJ SIG Technical Report）Vol.2009-HCI-134 No.8, 1-8頁（2009年）
丸山俊一＋NHK「欲望の資本主義」制作班『欲望の資本主義 2 闇の力が目覚める時』（東洋経済新報社、2018年）
水口藤雄『真髄は調和にあり——呉清源 碁の宇宙（図説 中国文化百華 014）』（農文協、2013年）
三井香奈「地域猫活動が野良猫の個体数制御及び福祉に及ぼす影響」帝京科学大学博士論文（博士（先端科学技術））（2019年）
箕輪さくら「英国2006年動物福祉法の分析（一・二）」自治研究93巻 7 号109-130頁および同93巻 8 号93-117頁（2017年）
箕輪さくら「野良猫問題に対する行政の関与」自治総研46巻 9 号57-71頁（2020年）
宮下直＝瀧本岳＝鈴木牧＝佐野光彦『生物多様性概論——自然のしくみと社会のとりくみ』（朝倉書店、2017年）
宮下直＝西廣淳『人と生態系のダイナミクス 1 農地・草地の歴史と未来』（朝倉書店、2019年）
宮部みゆき『子宝船 きたきた捕物帖（二）』（PHP 研究所、2022年）
ミルズ，C. ライト（鈴木広訳）『社会学的想像力』（紀伊國屋書店、1965年）
Millennium Ecosystem Assessment 編（横浜国立大学21世紀 COE 翻訳委員会監訳）『国連ミレニアム エコシステム評価——生態系サービスと人類の将来』（オーム社、2007年）
宗像市世界遺産課「宗像市世界遺産『神宿る島』宗像・沖ノ島と関連遺産群基本条例逐条解説」（2018年）
村上春樹『職業としての小説家』（新潮文庫、2016年）
村上春樹＝川上未映子『みみずくは黄昏に飛びたつ 川上未映子 訊く／村上春樹 語る』（新潮文庫、2019年）
森章編『エコシステムマネジメント——包括的な生態系の保全と管理へ』（共立出版、2012年）
森章『生物多様性の多様性』（共立出版、2018年）
森田果『法学を学ぶのはなぜ？——気づいたら法学部、にならないための法学入門』（有斐閣、2020年）
諸坂佐利「いわゆる『ネコ問題』に対する法解釈学的及び法政策学的挑戦——奄美大島・徳之島の『飼い猫適正飼養条例』の改正に触れながら」法律論叢91巻 4 ・ 5 号245-291頁（2019年）

山﨑将文「動物の法的地位――憲法の観点からの考察を含めて」九州法学会会報 2019、21-24頁（2019年）
山田健吾「環境配慮の適時性に関する省察」本多滝夫＝豊島明子＝稲葉一将編『転形期における行政と法の支配の省察――市橋克哉先生退職記念論文集』（法律文化社、2021年）79-96頁
山本剛史「今道友信『エコエティカ』の意義と課題に関する小論――環境倫理学の視点から」環境倫理 3 号22-33頁（2019年）
養老孟司『養老孟司特別講義 手入れという思想』（新潮文庫、2013年）
吉田謙太郎『生物多様性と生態系サービスの経済学』（昭和堂、2013年）
吉田謙太郎「生態系サービスの経済評価」大沼あゆみ＝栗山浩一編著『生物多様性を保全する』（岩波書店、2015年）33-53頁
吉永明弘『都市の環境倫理――持続可能性、都市における自然、アメニティ』（勁草書房、2014年）
吉永明弘「今道友信の徳倫理学について 研究ノート」環境倫理 3 号34-41頁（2019年）
ラトゥール，ブルーノ（川村久美子訳・解題）『地球に降り立つ――新気候体制を生き抜くための政治』（新評論、2019年）
Redmond, Ann et al., State Mitigation Banking Programs: The Florida Experience, in *Mitigation Banking: Theory and Practice,* Washington, DC.: Island Press. (1996)
WIRED 日本版 Vol.35『DEEP TECH FOR EARTH 地球のためのディープテック』（2019年）
渡邊暁＝渡邊洋子「人と人を繋ぐ地域猫活動――地域福祉の基盤を耕す」近畿大学九州短期大学研究紀要45号53-68頁（2015年）
亘理格『行政訴訟と共同利益論』（信山社、2022年）

注

はじめに

1 トフラー＝トフラー（2006）74頁参照。
2 村上（2016）109頁や134頁など参照。
3「この国」とは日本である。
4 この表現は、坂口（2019）29頁から拝借した。

第Ⅰ部

第1章

1 斎藤（2020）。
2 斎藤（2020）4頁参照。
3 ハラリ（2018a）94頁。
4 人新世については、すでに引用した、斎藤（2020）のほかにも、多くの書籍が公刊されている。
5 その多様性を捉えるのに有用な文献として、立川（2019）を挙げておきたい。
6 気候変動という問題については、温室効果ガスの排出抑制という「緩和」策が大事であることは言うまでもない。しかし、それと同時に、人や自然に生ずる各種の悪影響を低減していくなどの「適応」策も重要だろう。この「適応」策について、釼持（2022）がアメリカでの最新の法政策動向を活写している。
7 宮下ほか（2017）8頁参照。
8 宮下ほか（2017）7-8頁参照。
9 レッドリストは、日本に生息又は生育する野生生物について、専門家で構成される検討会が、生物学的観点から個々の種の絶滅の危険度を科学的・客観的に評価し、その結果をリストにまとめたものであり、おおむね5年ごとに見直しが行われている。
10 このナラティブについては、当該間引き事業を主導した、高田浩氏（厚木市議会議員）からお話をうかがうとともに、同氏のウェブサイトを参照している。http://www.hiroshi-takada.com/170622.html（2020年7月9日アクセス）。
11 種の保存法の正式名称は「絶滅のおそれのある野生動植物の種の保存に関する法律」。
12 松田（2011）。
13 松田（2011）188頁参照。なお、台風や地震などを念頭におくならば、「人間が自然に負け始めた」のは今に始まったことではないともいえよう。

しかし、ここでは、これまでは負けていなかったように思われてきた状況や空間においても負けが込んできた、という意味を持たせている。

14 日本学術会議（2019）。

15 ピアス（2016）。

16 同前11頁。

17 同前８、11頁。

18 同前241-242頁。

19 同前11頁。

20 貴志（2008）で描かれた世界は、そのような懸念を増幅させるものであると思う。なお、同書は、2011年に講談社文庫で文庫化されている。

21 以下の例について、飯田ほか（2020）69-76頁参照。

22 落合（2015）23頁。

23 同前57頁。

24 立体物を表すデータをもとに、一層一層、樹脂などの特殊な材料を少しずつ積み重ねていくことで立体造形物を実現していく装置。データさえあれば自由に造形物を出力できる。

25 落合（2015）15頁参照。

26 似たようなエピソードは枚挙に暇がない。例えば、髪の毛より細い何千本もの電極を脳に埋め込み、それらをスマートフォンで操作して脳を直接刺激する。電気自動車会社の Tesla で知られるイーロン・マスクがそのような技術を開発中であるという。紺野＝池谷（2021）145頁以下参照。3D プリンタで作られた臓器を腹部に、何千本もの電極を頭部に埋め込んだ状態が、多くの人にとっての「自然」とみなされる日がやって来るのだろうか。

27 この“プラスチックの木”の組成やその設置に対する反対運動など、より詳しい状況については、西村（2011）156頁以下が、当時の新聞記事を整理して記しており、本書でも同箇所を参照している。

28 Krieger（1973）at 450.

29 そのように意識させられるようになった、ともいえるかもしれない。とくに、２つ目のナラティブについては、人間がシカやイノシシなどとの「付き合い方」を忘れてしまった結果であるともいえそうである。揚妻（2010）や鈴木（2013）など参照。

30 アメリカが CBD を批准していない理由。それは、この条約が、生物多様性の「保全」と「持続可能な利用」の他に、「遺伝資源の利用から生じる利益の公正・衡平な配分の実現」という第三の目的を掲げているからである。アメリカはこの第三の目的を掲げることに反対し、遺伝資源の“自由な利用”が確保されるべきであると主張して譲らなかった。

31 CBDは自然を守る＝「保護」するだけの条約ではない。すべての生物を「利用」することもが目的として定められた。そして、これらの目的を実現するために、国々がするべきことがいろいろと定められている。生物多様性国家戦略の策定（６条）や国立公園などのような保護区域の確立（８条（a））など。ただし、これらの規定の大半は、具体的な義務というよりは、大まかな目標を設定したものにすぎない。そのため、CBDの法的性格は、「枠組的なもの」と評されている（Bowman et al.（2010）594, 596-597.）。CBDが「枠組条約」といわれる所以である。

32 その存在が「知られている」だけで、生物種の数は180万種以上。ただし、「知られている」ものではなく、これくらいはいるだろうと考えられている種の数、すなわち、推定種数となるとその数は倍増どころでは済まない。その数は数千万から数億（！）という単位になるという。宮下ほか（2017）２頁参照。

33 北村（2020）112-113頁参照。その他のパラダイム転換としては、公害対策基本法などに入れられていた経済調和条項の削除（1970年）、環境基本法の制定（1993年）、循環基本法の制定（2000年）が挙げられている。

第２章

1 内田（2020）12頁参照。なお、実際に原典に当たるのであれば、信頼できる水先案内人のような文献があるとよいだろう。そのような文献として、樽沼（2009）を挙げておきたい。

2 宮下ほか（2017）14頁参照。

3 飯田ほか（2020）57頁参照。

4 宮下ほか（2017）57頁。

5 ダーウィンの進化論の肝である「自然淘汰（ないしは自然選択）による進化」については、ナース（2021）の77頁以下が分かりやすい。それを読んだ上で、内田（2020）や樽沼（2009）などを読むと理解が深まるだろう。本書の執筆に当たっても、これらを参照した。

6 これは、哲学者であるティモシー・モートン（Timothy Morton）が“Ecology as Text, Text as Ecology” と題する論稿の中で書いたものであるという（未見）。ここでは、篠原（2016）85頁による訳出を参照している。

7 道家（2021）122頁も、この「変異性」という言葉が、CBDにおける「生物多様性」の定義を正確に理解する上での肝であると説く。

8 英訳については、日本法令外国語訳データベースシステムに掲載されたもの（http://www.japaneselawtranslation.go.jp/law/detail/?id=1950&vm=04&re=01）を参照している（2021年６月14日アクセス）。

9 例えば、及川（2010）4-7頁などは、生物多様性とは何かを説明しているようで、実はきちんとは説明できていなかったと思う。
10 畠山（2009）5頁。
11 ラトゥール（2019）は、「地球システムは……人類の活動にどのように反発してくるのか。この地球の反発に人類は対処しなければならない」と書いた。72頁参照。しかし、自然は人間に反発しているというよりも、気ままに（＝自然に）変異し続けている部分がずっと大きいのではないだろうか。筆者は、その気ままさにこそ、人類は対処しなければならないと考えている。
12 コルバン（2002）171頁参照。
13 この〈自然に追い込まれていくという不安〉と、「資本主義が人類を滅ぼす」という不安（丸山ほか（2018）196頁）には、妙な重なりがあるように思われてならない。というのは、後者の不安もまた、新しいテクノロジー資本主義社会の「常に変異を求めるプレッシャー」（同36-37頁）に起因するとされているからである。
14 富岡（2019）26頁参照。
15 詳しくは、環境法テキストの定番である、大塚（2021）や北村（2020）の該当箇所を参照されたい。また、辻（2021）や神山（2018）など、最近相次いで公刊されたテキストでもこのテーマについて手厚い記述がなされており、参照価値が高い。
16 西岡（2016）51頁参照。

第3章

1 環境省（2021）vii 参照。
2 この図の英語版は、Figure A. Linkages between Ecosystem Services and Human Well-being であり、報告書（Millennium Ecosystem Assessment, 2005. Ecosystems and Human Well-being: Synthesis. Island Press, Washington, DC.）の iv に掲載されている。なお、この報告書の邦訳が、Millennium Ecosystem Assessment 編（2007年）であり、その viii に、同じ図の日本語版が掲載されている。
3 生態系サービスについての理解を深めるには、何か１つのテーマについて、各種サービスの実態を描いたものが役立つ。例えば、蔵治（2012）など。
4 ２つの事例も含めて、森（2018）129-131頁参照。
5 大沼＝柘植（2021）170頁参照。
6 及川＝舛田（2022）。
7 日本の農林水産業や農山漁村のもたらす多面的機能については、2000年

代に入ってすぐの時期に、日本学術会議が中心となって、定量的評価を含めた総合的な検討が行われた。そこでの検討結果は、祖田ほか（2006）として公刊されている。

8 ナース（2021）258頁参照。

9 森（2018）130頁参照。

10 ミルズ（1965）9頁参照。なお、ミルズがこのような指摘をしていることを、塩原（2017）13頁から知った。

11 ここでのピクトグラムの使用については、国連の当局（https://www.un.org/sustainabledevelopment/）から許諾を取得済みである。なお、The content of this publication has not been approved by the United Nations and does not reflect the views of the United Nations or its officials or Member States. という点を申し添えておく。

12 吉田（2013）14頁。

13 例えば、最近のものでは、池田（2019）が示唆に富む。なぜなら、同論文は、生態系サービスという考え方を利用して持続可能な社会の実現の道を探るという、本章や第5章の議論を相対化してくれるからである。

14 Millennium Ecosystem Assessment（2007）84頁参照。

15 田中（2021）197-198頁参照。

16 以下の叙述について、宮下＝西廣（2019）114頁参照。

17 環境省（2021）107頁以下など参照。

18 多木（2019）234頁参照。

19 以下の、トレードオフに関する叙述に当たって、中静（2022）145頁以下参照。

20 これは、資本家の態度を皮肉ったマルクスの言葉であるという。斎藤（2020）48頁参照。

21 なお、ここで「少しだけ」という形容を繰り返したのは、文字通り、「自然」には分からない部分が多いからである。そして、そうした“分からなさ”（＝不確実性）には、研究やデータ収集の継続によって解消されるもの（＝認識の不確実性）と、システムに内在的に存在し、結果の認識や予測を本来的に不可能にするもの（＝存在論的不確実性）という2つがある。畠山（2009）17-18頁参照。

22 この表現は、村上＝川上（2019）412頁から拝借した。

第4章

1 ハラリ（2018b）52頁参照。

2 武内ほか（2001年）24頁参照。

3 柿澤（2000）や森（2012）など。

4 松村（2007）や武田＝及川（2014）などを参照されたい。
5 養老（2013）138-139頁参照。
6 同前233－234頁参照。なお、原文では［ ］内は「人工」という言葉が使われているが、ここでは、本書での叙述の流れに合わせて「人間」と書き換えている。

コラム

1 自然という考え方ないしは概念がだれにより、どのように捉えられてきたかについては、例えば、西村（2011）の第1章（「自然の概念」）や畠山（2012）による整理・分析が有用であった。なお、中沢（2011）によれば、いわゆる3・11の原発事故は、生態圏の自然の中に、太陽圏の「自然」（＝太陽の内部や銀河宇宙にしか見出せない「自然」のこと。例えば、原子核が融合したり分裂したりする現象）を無理やり持ち込んだことが原因であったという。この2つの自然を混同しないことが、3・11後の自然論として重要であると思う。
2 須田（2018）など。
3 ナース（2021）22頁参照。
4 この表現は、坂口（2019）28頁から拝借した。
5 加藤（2019）154頁参照。
6 同前。

第II部

第5章

1 ボヌイユ＝フレソズ（2018）。
2 同前118頁参照。
3 同前121頁参照。
4 生態系サービスの評価方法は、この2つに大別できるという。橋本＝齊藤（2014）27頁参照。
5 Millennium Ecosystem Assessment 編（2007年）xvi 頁参照。
6 物量評価の具体的な方法や手順をイメージするのに有用な文献として、橋本＝齊藤（2014）27頁以下（「第3章 生態系サービスをどう測るか？」）を挙げておきたい。
7 この他に、よく知られているものとして、環境省（2021）など。
8 Millennium Ecosystem Assessment 編（2007年）68頁参照。
9 同前115頁参照。
10 橋本＝齊藤（2014）28頁参照。
11 林ほか（2018）。
12 この評価方法を紹介したものとしては、TEEB（2010）が広く知られて

いる。なお、環境経済評価の研究動向と関連文献については、吉田（2015）などを参照されたい。

13 本書では、吉田（2015）や大沼＝柘植（2021）のほかに、環境省ウェブサイト「自然の恵みの価値を計る――生物多様性と生態系サービスの経済的価値の評価」（https://www.biodic.go.jp/biodiversity/activity/policy/valuation/index.html）（2022年6月6日アクセス）などを参照している。

14 宮下ほか（2017）21頁参照。

15 生物多様性及び生態系サービスに関する政府間科学-政策プラットフォーム（IPBES）の第4回総会での報告。

16 この表現は、仲正（2017）278頁から拝借した。

17 柏原＝西（2022）317頁参照。

18 鳥谷部（2021）90頁参照。

19 この判決は、判例地方自治485号49頁以下に掲載されている。

20 及川（2022b）。

21 ボヌイユ＝フレソズ（2018）265頁参照。

22 加藤（2019）338頁参照。

23 ボヌイユ＝フレソズ（2018）は「たったひとつの科学」（343頁）によって、人と地球との関係性が「ひとくくり」（13頁）にされることに強い懸念を示し、「生態系サービス」を、そうした「たったひとつの科学」の要素として挙げる（265頁）。刺激的な議論が展開されている興味深い書籍であるが、科学なるものを「たったひとつ」にまとめすぎてはいないだろうか。

24 ボヌイユ＝フレソズ（2018）344頁参照。

25 同前121頁参照。

26 “だれのどのような参加”を確保するかを考えるに当たっては、視野を広く持つことが大事だろう。日本の地域だけではなく、諸外国の地域で取り組まれている“ガバナンス”の経験から学べることが多いはずである。そうした知見を提供してくれる優れた先行研究として、船津＝永井（2012）や大塚（2019）を挙げておきたい。

第6章

1 堀江（2000）142頁参照。

2 この日本語訳については、環境省自然環境局生物多様性センターのウェブサイトで掲載されたものを引用している。https://www.biodic.go.jp/biolaw/jo_hon.html（2022年7月4日アクセス）。

3 森（2018）137頁参照。

4 チン（2019）352頁参照。しかしこれはイメージのレベルでの話にすぎな

い。「種」とは曖昧で「移ろいやすい」概念であり（内田（2020）やチン（2019）345頁以下（第17章「飛びまわる胞子」）などを参照）、その定義は24通り以上（！）に及ぶという。森（2018）40頁参照。

5 「認識可能な景観の単位をもって生態系を定義」したときのイメージといえよう。江崎（2007）187頁参照。

6 ナース（2021）243頁参照。

7 飯田ほか（2020）10頁参照。

8 森（2018）33頁参照。例えば、生物学者であれば、人の身体の内側へ目を向けるかもしれない。ポール・ナース（ノーベル賞を受賞した細胞生物学者）は、わたしたちの「身体も、人と人以外の細胞が混ざりあってできた、一つの生態系である」と述べた。ナースは、その理由として、「天井知らずの」数の細菌が人の内側で生きていることなどを挙げている。ナース（2021）240頁参照。

9 こうした解釈は、今道（1990）で提唱された「技術連関」という考え方と親和的かもしれない。『エコエティカ』については、最近、『環境倫理』第3号で特集（「今道友信の「エコエティカ」を読む」）が組まれた。興味のある方は、そこに収められた、山本（2019）や吉永（2019）を参照されたい。

10 農業生態系が生態系の一部を成すことについて、森（2018）126-127頁参照。

11 この表現は、堀江（2000）111頁から拝借した。

12 宮下ほか（2017）43頁および110頁以下を参照。

13 そもそも、外来種とは、明治時代よりも後に日本に入ってきた動植物を指す。つまり、それ以前に入ってきたものたちは外来種ではない。

14 Suzuki et al.（2021）. なお、外来種と地域コミュニティとの、一筋縄ではいかない（がしかし豊かな）関係性を鮮やかに描き出した好著として、二宮（2011）を挙げておきたい。

15 及川（2010）79頁参照。

16 飯田ほか（2020）37頁参照。

17 デジタル大辞泉によれば、プロジェクションマッピングとは、映画館のような専用のスクリーンではなく、凹凸のある壁面や、建築物・家具など、立体物の表面にプロジェクターで映像を投影する手法であり、広告、各種イベント、メディアアートなどで利用される、とされている。

18 「IDEAS FOR GOOD 社会をもっとよくする世界のアイデアマガジン」というウェブサイトに掲載された記事（木村つぐみ（2020年1月18日）「コペンハーゲン市に『公共』の果樹。街全体を都市果樹園に」）を参照。https://ideasforgood.jp/2020/01/18/copenhagen-public-fruit/（2022年6月

6日アクセス)。

19 わが国の行政法（学）では、「公益は最初からあるものではなく、手続を経て形成されていくものである」という考え方が受け継がれてきた。遠藤（1976）や畠山（1994）など。本書は、この議論を環境法（とくに自然資源管理法）の平面へ展開することを試みている。その試みが奏功しているかどうかはさておいて。

20 マッシー（2014）28頁参照。

21 アーリ（2015）354頁参照。

22 マッシー（2014）267頁参照。

23 飯田ほか（2020）44-45頁参照。

24 ここでの表現は、宮部（2022）144頁から拝借した。

25 環境をめぐる争いを「小さく治める」ことの重要性とそのために求められる思考方法や手立てについて、佐藤（2022年公刊予定）から教えられることが多い。

26 この文章表現については、斎藤（2020）295頁から拝借した。

27 同前参照。

28 この部分は、バック（2014）57頁からの引用である。なお、原典のアーレント（2002）142頁では「想像力」ではなく、「構想力」という言葉が使われている。

29 想像力の強靭化。それに役立ちそうな文献はいくつもあるが、ここでは、卯城＝松田（2019）を挙げておきたい。2人の現代美術家（卯城竜太は、Chim↑Pom のメンバーである）の語りは、軽妙洒脱でありながらも、本質を深く突くものばかりであり、今後の社会制度のあり方を考える上での示唆に富む。

コラム

1 濱野（2015）71-72頁参照。

2 金（2022）123頁参照。

3 斎藤＝佐藤（2022）225頁参照。

第Ⅲ部

第7章

1 「敦賀発電所3、4号機増設計画に係る環境影響評価方法書についての意見の概要等について」（http://www.japc.co.jp/news/press/2000/pdf/120426.pdf）を参照（2022年6月21日アクセス）。

2 佐藤（2002）に接し、そのように考えるに至った。

3 この地域の法政策論的な管理のあり方について、島村（2018）387-409頁が示唆に富む。

4 飯田ほか（2020）136頁参照。
5 里山なるものが社会的な価値になっていった経緯について、蔵治（2012）27-29頁が簡潔ながら要を得た説明であると思う。
6 環境省（2003）「里地自然の保全方策策定調査報告書」（未見）。ここでは、宮下ほか（2017）136頁を参照している。
7 以上の説明について、宮下ほか（2017）138-139頁参照。
8 宮下＝西廣（2019）67頁以下参照。
9 なお、地域づくりにおける「よそ者」の役割については、鬼頭（1998）や敷田（2009）、それに、松村（2004）など、多くの研究の蓄積がある。
10 神奈川県環境農政局農政部農地保全課「神奈川県里地里山の保全、再生及び活用の促進に関する条例の解説」（平成26年3月）14頁以下参照。
11 バウマン（2001）124頁参照。
12 なので、井上（2009）9頁以下は、現場からの「撤退」という選択肢がない者たち、すなわち、地元住民を地域環境管理の中心に据えるべきであると説く。
13 インドネシアでのフィールドワークを踏まえた、独自の「協治」論を展開し、自然資源管理に関わる多くの論者に大きな影響を及ぼしたのが、井上（2004）である。その論の最大の特徴は、「住民の視点と市民の視点」とを「接合」させるという方向性を開拓した点に求められよう。井上の協治論の意義や位置づけについて、平原（2022）6-7頁参照。
14『G7英議長国による声明：COPへの道』（https://www.mofa.go.jp/mofaj/files/100205063.pdf）（2022年1月27日アクセス）参照。
15 飯田ほか（2020）60-62頁参照。
16 宮下＝西廣（2019）72頁参照。
17 宮下ほか（2017）157頁参照。
18 WIRED（2019）35号143頁参照。
19 古井戸（2018）149頁参照。
20 斎藤（2020）48頁参照。
21 宮下＝西廣（2019）72頁参照。
22 以上の札幌での調査結果について、飯田ほか（2020）60-62頁参照。

第8章

1 マッシー（2014）267頁参照。
2 環境省（2003）「里地自然の保全方策策定調査報告書」（未見）。ここでは、宮下ほか（2017）136頁を参照している。
3 辺野古沖でのサンゴの移植に対しては、その必要性や移植計画の妥当性などが争点となった訴訟も提起されており、最近、最高裁の第三小法廷

で判決が下された（最三判令和3年7月6日民集75巻7号3422頁）。この判決では、サンゴの移植は必要であり、移植計画も妥当であるという判断がなされている。

4 この概念が最初に広く注目を集めたのは、1988年のアメリカ大統領選においてであった。共和党の候補者であったジョージ・ブッシュ（George H. W. Bush）が、湿地保全の原則として、ノーネットロスを提唱したのである。

5 大沼（2014）285頁参照。

6 この制度については、北村（1992）や遠州（1996）などの先行研究がある。なお、アメリカの環境法政策全般については、畠山（2022）やサルズマン（2022）などを参照されたい。

7 ここで指摘した内容をさらに掘り下げて検討しているのが、小山＝岡部（2017）であり、有益な情報が多い。

8 艸田＝及川（2011）。

9 ニュー・サウス・ウェールズ州（オーストラリア）の「生物多様性オフセット」については、目下、筆者の研究室で本格的な比較制度研究が進行中であり、2023年中には、その成果の一部を公表できそうである。

10 艸田（2017）。

11 Redmond et al.（1996）54-75.

12 筆者は、2015年2月1日、日弁連（日本弁護士連合会）にて、この問題についての講演を行った（「環境クレジット市場の法的見取り図――米国と日本を中心に」）。以下は、その時の講演内容に基づく。

13 United States v. Hawkins（2006）Consent Judgment, Civil No.3：05CV-12-H, US District Court for the Western District of Kentucky; Consent Decree, United States v. Century Homebuilders, LLC, No.09-22258-CIV-KING（S.D. Fla. Dec. 14, 2010).

第9章

1 木村（2012）97頁参照。

2 大塚（2019）390頁参照。

3 この判決は、昭和63年2月16日、最高裁判所の第三小法廷で下された（最三判昭和63年2月16日民集42巻2号27頁）。

4 この判決は、昭和54年2月26日、横浜地方裁判所の横須賀支部で下された（横浜地横須賀支判昭和54年2月26日下民集30巻1～4号57頁、判時917号23頁、判タ377号61頁）。

5 正式名称は「古都における歴史的風土の保存に関する特別措置法」である。

6 ただし、日置（2018）118頁によれば、景観計画についてはそもそも規制がかなり緩く、また、景観地区も、その「多くは景勝地や観光地、あるいは一体化計画がなされた再開発区域などがほとんど」であるという。すると、これらの仕組みを効果的に使った、まちづくりが順調に進んでいるかといえば、必ずしもそうとはいえないのかもしれない。
7 この判決は、平成18年３月30日、最高裁判所の第一小法廷で下された（最一判平成18年３月30日 民集60巻３号948頁）。
8 届出時の高さは53.06mであったが、地域住民等による反対運動や市の行政指導を受けて、43.65mとなった。
9 なお、最高裁はふれていないが、マンションや旅館で「眺望が良い部屋」に高い値段がつくように、大学通りとその近隣の不動産価格は高い。その背景には、その「良好な景観」が一役買っているものと考えられよう。
10 法学的観点からの考察については、大塚（2006）や富井（2014）、それに亘理（2022）などを参照されたい。
11 条例という法とその使い方については、畠山＝下井（2023年公刊予定）などで易しく解説されている（と思う）。

コラム

1 大阪高判平成26年４月25日判例地方自治387号47頁。
2 本判決については、北見（2015）や及川（2020）などを参照されたい。
3 吉永（2014）91頁参照。
4 ベルク（1994）146頁参照。
5 こうした議論を初めて展開したのが及川（2017）である。着想は長崎地判平成27年１月20日 LEX/DB25505755から得た。及川（2020）は、この2017年論文の延長線上で書かれている。

第10章

1 この表現については、森田（2020）28頁に倣った。
2 ただし、医学的な治験の対象となることはあろう。
3 動物の権利について書かれた論稿や書籍は多数に上るが、最近のものとして、長谷川ほか（2021a）を挙げておきたい。そこでは、《『動物の権利』論の展開」》と題する特集が組まれ、浅野（2021）、鬼頭（2021）、久保田（2021）といった質の高い論稿が並んでいる。この３論文へは、長谷川ほか（2021b）で、２名の論者からコメント（一ノ瀬（2021）および古澤（2021））が寄せられ、それに対する、浅野、鬼頭、久保田の各氏からのリプライも掲載された。これらを併せて読めば、このテーマに関する理解が深まるだろう。なお、筆者は、一ノ瀬（2021）で言及されていた、「返礼モデル」という、動物理解モデルに興味を持った。これは、

一ノ瀬が犬との関係で考案したものであり、「[犬がわたしたちに与えてくれる] 恩恵に対して丁寧に返礼しなければならない」といった趣旨のものとして紹介されている（153頁）。偶然の一致ではあるが、本書の最終章で筆者が展開しようとする中身も「返礼」を基本に据えたものとなっている。

4 ダーウィン（2016）136頁参照。

5 打越（2016）7頁参照。

6 青木（2016）217頁参照。

7 同前219頁参照。

8 佐渡友（2022）109頁参照。

9 青木（2010年）249頁参照。

10 野崎（2016）91頁参照。

11 伊勢田＝なつたか（2015）や伊勢田（2008）などが示唆に富む。また、現代思想50巻7号（2022年）の特集「肉食主義を考える：ヴィーガニズム・培養肉・動物の権利…人間－動物関係を再考する」に寄せられた論稿群も参照。

12 以上のやり取りにつき、うめざわ（2020）83-85頁参照。

13 うめざわ（2022）77頁参照。

14 ドナルドソン＝キムリッカ（2016）12頁参照。

15 同前220頁参照。

16 同前306頁参照。

17 こうした基本的権利が認められる理由として、キムリッカらは、動物たちが「自己性」を持っていることを挙げる。自己性とは、「自身の生と世界に対する固有の主観的な経験を持ってい［る］」ことをいう。平たくいえば、痛みや快適さなどの「感覚」を持っていることである。なので、キムリッカらは、動物たちにこうした基本的な権利を認めるのに、「人格性」は必要ないと説く。ドナルドソン＝キムリッカ（2016）36頁以下参照。

18 ドナルドソン＝キムリッカ（2016）247頁参照。

19 ただし、この二元論を乗り越えてゆく道も模索されている。井上（2022）など参照。

20 青木（2016）46頁参照。

21 本書の執筆中に、中島＝益子（2022）が出版された。本章3（2）で書かれたことについて、詳しく知りたい方は同書を手に取られるとよいだろう。

22 多くの論稿や書籍があるが、以下の記述は、青木（2016）197頁以下に多くを負う。

23 打越（2016）8頁参照。なお、動物福祉という概念の義は定まっていない。例えば、OIE（国際獣疫事務局）の基準では、「動物の生活と死の状況に関連した動物の身体的および維新的状態」を意味するとされている。新村（2022）3-4頁参照。
24 打越（2016）8頁参照
25 青木（2016）217頁参照。
26 新村（2022）17頁以下参照。
27 青木（2016）205-206頁参照。
28 青木（2016）207頁参照。
29 https://api.worldanimalprotection.org/（2022年4月24日アクセス）。
30 青木（2016）211-212頁参照。
31 同前215頁参照。
32 同前参照。
33 山﨑（2019）21-24頁、22頁参照。
34 青木（2016）12頁参照。

コラム

1 ラトゥールは、やはりフランスの哲学者である「ミッシェル・セールの『自然契約』に同調することで、諸機構の集合（「モノの議会」）を通じて自然を政治の舞台に上げることを提唱している」という。ボヌイユ＝フレソズ（2018）63頁参照。
2 ここでの説明について、岡本（2021）104頁参照。なお、環境倫理学者の福永真弓によれば、人新世における「環境」の描写方法としては、①「社会＝生態システム」といったシステム論的な記述、②地域知などに代表されるローカルからの記述、③ポストヒューマンやマルチスピーシーズなどの言葉に表される、非人間中心主義的な記述の3つがあり、③の具体例として、アクター・ネットワーク論があるという。福永（2018）は、広い文脈の中における同論の意味や意義を理解するのに役立つ。
3 しかし、人類学者のティム・インゴルドが言うように、「石どうしがぶつかり合って音を立てる。人間が音で居場所を知らせる方法のことを『話す』と言うのであれば、石もまた話していると考えてもよい」のかもしれない。奥野（2022）218-219頁参照。
4 塩原（2017）191頁以下を参照。
5 石川（2021）や、有馬＝石川（2010）など。

第11章

1 打越（2016）314頁参照。
2 松原（2020）113頁参照。

3 Birch et al. (2021).
4 この法律については、箕輪（2017）で詳細な解説が施されている。

第12章

1『生物多様性ながれやま戦略――オオタカがすむ森のまちを子どもたちの未来へ』（平成22年３月)。現在は、これを受け継いだ『生物多様性ながれやま戦略第二期』（平成30年３月)）が実施されている。
2 このような地位については、従来、「環境アイコン」という概念が用いられ、アイコン化した生き物たちが、いかにして人と自然の関係を取り持っているか等についての考察がなされてきた。佐藤（2008）が代表的な業績であり、その内容は示唆に富む。他方で、アイコン化したとまではみなせないまでも、地域でシンボル化するに至った生き物たちについてはどうなのだろう。彼ら彼女らはどのようなプロセスを経てシンボルとなっていくのか。シンボル化した生き物たちが人と自然との関係構築に果たす役割はどのようなものなのか。そして、そもそもシンボル化とアイコン化はどう区別され得るのか等々。さまざまな方向から手を入れられそうなテーマであるように思う。
3 ただし、行政の現場では、レッドリストに掲載された動植物が開発予定地で生息している可能性等を引き合いに出しながら、事業者に対して環境配慮を求めることが少なくないようである。となると、レッドリストには法的効果は認められないものの、事実上の規制的効果が付随していると評し得るのではないだろうか。この点について、伊藤ほか（2022）参照。
4 アメリカの種の保存法では、同法によって保護対象に指定された動物の「捕獲」が禁じられているが、この言葉が意味するところは極めて広い。「困惑、危害、追跡、狩猟、射撃、負傷、殺害、わな、捕捉もしくは収集、またはこれらの一切の行為に従事する企て」をすべて含むものとされている。畠山（2008）309頁参照。
5 条例なるものの意義や環境行政におけるその使い道などは、環境法のほぼあらゆるテキストでふれられているが、最近公刊されたもので、かつ、分かりやすい説明がなされているものとして、筑紫（2020）22頁以下を挙げておきたい。
6 平成18年３月31日美波町条例第97号。
7 このウミガメ保護条例（平成18年３月31美波町条例第98号）は、合併前の日和佐町ウミガメ保護条例（平成７年日和佐町条例第15号）を受け継いだものである。
8 なお、ガイドラインでは、「その他の猫」として、いわゆるノネコについ

ても言及がなされている。ノネコとは「飼い主のもとをはなれ野生化し、常時山野にて野生の鳥獣等を捕食し生息している猫」であり、横浜市のような都会では大きな問題とはなっていない。しかし、例えば、奄美大島など、地方では深刻な問題となっているところもある。問題の構造を把握し、法制度的な対応のあり方について考える上で参考になる文献として、諸坂（2019）を挙げておきたい。

9 加藤（2005）や木下（2019）などを参照。

10 三井（2019）。

11 神田（2019）。

12 植竹ほか（2014）。

13 加藤（2014）。

14 渡邊＝渡邊（2015）。

15 箕輪（2020）69頁参照。

16 コモンズ（論）なるものの意味・意義を理解する助けとなるものとして、平原（2022）を挙げておきたい。いわゆる市民参加論がガバナンス論化していく中で、コモンズ論なるものがいかなる役割を担ったのか。平原論文は、この点を理解するのに大いに役立つ。

17 Hardin（1968）.

18 環境省自然環境局自然環境計画課生物多様性施策推進室（2012）5頁参照。

19 入会地・入会権にまつわる法政策的な諸課題を、環境保護の観点から総合的に検討したものとして、奥田（2019）4頁以下があり、示唆に富む。

20 井上（2004）51頁参照。

21 飯田ほか（2020）149頁参照。

22 待鳥＝宇野（2019）所収の諸論稿。

23 https://commons.wikimedia.org/wiki/%E3%83%A1%E3%82%A4%E3%83%B3%E3%83%9A%E3%83%BC%E3%82%B8（2022年5月4日アクセス）。

24 宇野（2019）39頁参照。

25 筆者の研究室で行った予備的な調査では、大規模災害の発生を想定し、それに対する備えを進めている地域猫団体は少なかった。

第13章

1 生態系が時間を形にしたものであるという捉え方は、多木（2019）207頁から着想を得た。

2 環境法学においても、時間という観点に着目した研究が増えてきたように思う。具体的なテーマとしては、超長期的責任や順応的管理、それに

環境配慮の適時性など。石巻＝大塚（2019）や二見（2019）、それに山田（2021）などを参照されたい。

3 正式名称は「世界の文化遺産及び自然遺産の保護に関する条約」である。

4 2005年に世界自然遺産に登録された。

5 本項の記述に際しては、「九州の世界遺産」（https://welcomekyushu.jp/world_heritage/spots/okinoshima）などのウェブサイトを参照した（2022年6月25日アクセス）。

6 世界遺産条約中の「outstanding universal value」というフレーズを日本語訳したものであり、ここでは、「世界遺産条約履行のための作業指針」の環境省仮訳（2021年3月）を参照している。

7 宗像市世界遺産課（2018年）「宗像市世界遺産『神宿る島』宗像・沖ノ島と関連遺産群基本条例逐条解説」9頁参照。

8 松村（2013）。

9 http://maioka-koyato.jp/yato.html（2022年5月6日アクセス）。

10 松村（2013）226頁。

11 フォシヨンの示した見解について、ここでは、多木（2019）210-211頁参照。地理学者のドリーン・マッシーも、その著書の中で、「それぞれ相異なる物語の同時間性」というフレーズを用いている。マッシー（2014）34頁参照。

12 フォシヨンの示した見解について、ここでは、多木（2019）210-211頁参照。

13 多木（2019）211頁参照。

14 多木（2019）222頁参照。

15 アーリ（2015）202頁参照。

16 アーリ（2015）200頁参照。

17 松本ほか（2009）2頁参照。

18 アーリ（2015）200頁参照。

19 その当時の地域戦略の策定状況等については、及川（2010）を参照されたい。

20 小田原（2021）112頁参照。

21 ヴィリリオ（1989）9頁参照。

22 ナース（2021）253頁も参照。

23 この詩は、シンボルスカの詩集『橋の上の人々』の表題作であり、本書では、シンボルスカ（1997）111-112頁に掲載されたものを参照している。

24 これはジョージ・フリードマンの見解であり、多木（2019）32-33頁で引照されている。

25 真木（2003）313頁参照。

26 トロント（2020）132頁参照。

27 ここで引用したのは、内田（2020）174-175頁であり、同箇所の記述に際してサポルスキーの著書（Sapolsky（2017））が参照されているという。

28 内田（2020）175頁参照。

29 村上（2016）173頁参照。

30 環境法の分野でも、機に応じた「手入れ」のあり方に関する議論が新たな展開を見せ始めている。山田（2021）や二見（2019）、それに石巻＝大塚（2019）などを参照されたい。

コラム

1 ここで書いたような中身を、理論的により精緻化しながら、優れた実証研究を数多く産出しているのが、「環境政策史」と呼ばれる研究領域での成果である。喜多川（2015）や西澤＝喜多川（2017）、それに寺尾（2019）など。なお、「歴史学的なものの見方・考え方」にふれるには、東京大学教養学部歴史学部会（2020）が役立つ。

2 堀江（2000）143頁参照。

3 小田原（2021）

4 その歴史が「だれ」の視点で語られたものか、という点も重要だろう。「女性の歴史は、男性たちの一連の言説の助けを借りて、それらの反響としてつくられる」 そのような印象的な一文から始まる、コルバン（1993）は、「だれ」を深掘りしていく作業の重要性と面白さを教えてくれる。

5 現代美術家の松田修は、自身が「美術史を……重要視する理由」をそのように説いている。卯城＝松田（2019）32頁参照。

6 佐藤（2011）参照。

7 ハラリ（2018a）80頁参照。

第14章

1 中沢（1989）143頁参照。

2 ホッブズが『リヴァイアサン』で説いた国家論と（本書第12章で紹介した）ハーディンのコモンズ論は、そのナイーブさという点で似てはいないだろうか。すなわち、人間は常にだれかと争っているばかりの存在ではない。こうしたナイーブさも含めて、ホッブズの国家論の特徴を理解するのに役立つ書籍として、姜＝モーリス-スズキ（2004）を挙げておきたい。

3 いわゆる贈与論についての行き届いた説明を行うことは、本書の守備範囲を大幅に超える。ここでは、贈与と返礼というイメージを持ってもらえればそれで十分である。なお、贈与論については、例えば、内田

(2002) 140頁以下を読み、その上で、岩野 (2019) などへと進んでいくとよいかもしれない。ともに読み易く、文体も洗練されている。
4 内田 (2002) 165頁など参照。
5 松本 (2014) 114頁参照。
6 小田原 (2021) 125頁参照。
7 養老 (2013) 139-140頁参照。
8 岩野 (2019) 148頁参照。
9 内田 (2002) 197頁参照。
10 美術手帖 (2020) 76頁参照。
11 岩野 (2019) 46頁参照。
12 ナース (2021) 253頁参照。
13 内田 (2020) 53頁参照。
14 八智会 (はっちかい) は、小倉里江子さん、林原智恵子さん、吉田聡子さん (五十音順。旧姓) と筆者の4名で2007年2月23日に結成された会であり、その後、沼本瞳さん (旧姓) が名誉会員として加わった。遺伝子工学、生態学、環境政策学、法学という分野を越えた知的交流の場であり、この会を通じて、筆者はさまざまな知見を、そして良性の刺激を受けてきたものである。
15 この部分は、内田 (2020) 199-200頁からの引用である。
16 他に、吉永 (2014) 63頁なども参照されたい。

コラム

1 WIRED (2019) 147頁参照。
2 ボヌイユ＝フレソズ (2018) 344頁は「生き延びる」ためにラジカルに考え行動せよ、と説く。
3 なお、「適者生存 (＝自然淘汰) ではなくてもいいんだよ」といった価値判断を書き込んでいくのも人間らしくて「よい」アイデアだと思う。この点についての筆者の問題意識は、松村 (2013) 242頁と重なる。
4 坂口 (2019) 33頁参照。
5 ここで述べたことは、松村正治の「『生きる環境』をともに……つくる」という営みと共鳴するように思う。松村 (2018) 52頁参照。
6 誇りは承認 (の連鎖) によって再建されていく。誇りを持った「店じまい」についても承認は欠かせないだろう。誇りと承認 (の連鎖) の関係について、平井ほか (2022) 166頁以下が示唆に富む。

おわりに

1 アバーテ (2016) 316頁脚注10参照。
2 同前312頁参照。